DATA CRUSH

大數據時代的致勝決策

2020年前最重要的6個關鍵策略

著

譯

I. 造成資料爆炸的六大趨勢

II. 企業即將迎來的六大衝擊

III. 迎戰數據海嘯的六大策略

序言　站上數據浪潮

身為資訊與影像管理學會（Association of Information and Image Management，AIIM）主席兼執行長，我平日有機會和數以千計的資訊管理專家互動。對於在訊息管理前線奮戰的逾十萬名會員而言，資訊與影像管理學會是很重要的資源。

因為擔任這個職務，我和本書作者克里斯多夫．蘇達克（Christopher Surdak）共事好幾年，包括共同撰寫一本有關社群媒體及協作管理的電子書。從互動當中，我清楚發現，蘇達克對於管理日常生活的數據及訊息難題，維持一切盡在掌握中的表相，深有體會。

各種市場力量正為世界帶來驚人改變，包括行動性、雲端運算、社群媒體，以及線上商務。雖然這些力量個別都是驅動數據成長與商業變化的強大動力，但也需要相互依賴和相互回應，才真正足以改變商業生態。整體而言，它們為世界帶來的變化，幾乎影響到全球商業的每個層面。

包括企業和個人都受到這些變化的影響，而最重要的是理解新的商業環境將呈現何種樣貌，以及你在其中的位置。這一部分是為了確保你的企業，在充斥數位裝置及其創造的數據世界中保有重要地位；一部分是為了找出新方法改變自己和組織，在這個世界裡成功發展。

蘇達克在本書提供了精闢見解，明確指出我們這個緊密連結、高度數位化的世界，未來是什麼模樣，需要做哪些事才能在短期內擊敗對手。蘇達克探討隨著世界日趨緊密連結且複雜，數據如何成為一種商業貨幣，成為未來每個成功企業決策的基礎。

多年來，企業自有一套制度和策略管理金錢，即他們的財務資產；通常也有一套制度管理員工，即他們的人力資產。他們通常有企業資源規劃（Enterprise Resource Planning，ERP）制度管理實體資產，但是極少企業有制度和策略，管理他們在數位世界最重要的資產，即資訊資產。然而，正是這些資訊資產決定了，未來全球在爭奪數位成癮的消費者不斷縮短的專注時間時，誰是贏家和輸家。

我相信你會覺得這本書有趣又實用。我這樣說是因為我就有這種感覺，而且發現作者提供的建議可以減少數據超載對理智性的影響，說不定還能幫助你的企業站到數據浪潮之上，而不是被壓垮到底！

約翰・曼齊尼（John Mancini），資訊與影像管理學會執行長，二〇一三年三月

前言　贏在一千億億億位元組的世界

身為科技顧問，我有動機要持續掌握最新、最棒的新科技和新趨勢。過去十年，我漸漸體認到，科技和網路的世界有一股暗流，既是推動新科技的因素，又是可能妨礙新科技前進的力量——那就是數據的增加。

如果你和大多數「連網」的人一樣，一天的開始便是登入一個或好幾個電子郵件信箱，看看一天要做什麼。你每天要看過大約一百五十封電子郵件，努力判斷哪些值得花費心思，哪些可以刪除。或許你注意到過去這十年，每天收到的電子郵件數量正緩慢而穩定地增加。你可能還注意到這些電子郵件在在顯示，有些第三方似乎對你的喜惡、在哪裡購物、在哪裡吃飯等等瞭若指掌。

此外，如果你也在資訊科技業或相關行業，可能還注意到有越來越多工作牽涉到堆積如山又不斷增加的數據。無論你的職業是什麼，我們的世界早已變得數據氾濫，而且我們越是使用數據、依賴數據，創造出來的數據似乎就越多。

─讓數據呈指數爆炸的六大趨勢─

本書的目的正是企圖理解這種資訊爆炸的情況。我們將觀察這些數據都是從哪裡增加、是什麼在驅動、數據增加對你的業務會有什麼影響，以及企業在資訊氾濫的世界要如何因應才能成功。

有六大趨勢驅動著個人與組織的線上資料成長和重要性。由於數據可以相互匯集與支援，導致資訊管理的問題越趨複雜。這些趨勢有：

一、**行動性**：智慧型手機和平板電腦讓我們隨時保持連線。

二、**虛擬生活**：增加我們透過網路和朋友家人的互動。

三、**數位商務**：線上購買物品和服務的選擇無限多。

四、**線上娛樂**：數十億個頻道和幾百萬種遊戲，讓我們可時時享樂。

五、**雲端運算**：將所有資訊放在乙太空間。

六、**巨量資料**：由我們的線上活動創造出來的大量數據。

企業營運的每個層面都必須處理這六大趨勢。匯集各種需求的「完美風暴」，讓我們在應對這些力量對企業的影響時，沒有多少犯錯的餘地，而且幾乎每個單位都在竭力平衡這些問題。個別來看，這些力量每一個都會導致生活中的數據，成長幅度高達兩位數。不過，這些力量並非各自獨立；相反地，它們相互依存，並導致數據進一步增加。

因為這種相互依賴，數據的成長呈指數般增加。根據二〇一二年的一項研究，網路巨擘思科（Cisco）估計，到了二〇一六年，全世界每年的數據流量將達一．三ZB（zettabyte，澤位元組）[1]。要清楚理解這個數字，可以二〇一三年的高階筆記型電腦為例，它的儲存容量大約為一TB（terabyte，兆位元組），對個人用戶來說算不少了。這樣的空間足以儲存幾百部電影、幾萬個音樂檔案，或是幾百萬張數位照片。

相較之下，一ZB就等於十億個這樣的筆記型電腦硬碟，無論如何都不是小數目了。更進一步想像的話，如果將一ZB的數據燒成CD，累積起來的CD片將有四百一十萬公里高，足以從地球到月球來回五次以上。因此，如果你是企業界人士，對二〇一三年的數據已感到手足無措，恐怕在接下來十年會感到情況更加艱鉅。

—領導者的六個必要條件—

有句中國諺語說，危機就是轉機，我們面臨的數據巨浪也是如此。「大數據」就是運用統計，分析我們可以任意使用的如山數據，目標就是取得新的經營策略。數據爆炸中潛藏著機會，可以對企業和顧客建立深刻且豐富的認識。事實上，早期採用者發現，大數據能顯著改善他們的營運效率、顧客滿意度，以及獲利能力。跟隨我們探討大數據對當代企業的影響，你會發現數據分析為什麼即將成為企業成功的關鍵。

我的同事兼資訊與影像管理學會執行長約翰．曼齊尼，列出企業領袖在新世界必須依循才能成功的六個必要條件[2]：

一、**一切行動化**：重新定義內容輸出與流程自動化，善用行動裝置與行動人力。

二、**流程數位化**：將紙張從流程中去除，並將處理流程自動化。

三、**業務社群化**：將社群科技整合到流程當中，而不是另外建立獨立的社群網路。

四、**資訊治理自動化**：坦然接受以紙張為主的典範已不再適用，將焦點放在自動化治理與處理上。

五、**探勘大內容**：從大量累積的鬆散資訊中，找出深刻見解和價值。

六、投入雲端：將龐大的「企業級」解決方案，分解為可迅速執行的「類應用程式」解決方案，放置在雲端而不依賴平台。

你很快就會發現，這些鄭重忠告，和我在本書提出的建議有異曲同工之妙。這不是巧合，而是呼籲所有期望在新商業環境成功的企業人士採取行動。

—本書結構—

本書分成三大部分，每一部分各有六個章節。第一部分，我們將檢視前述的六大趨勢力量，了解每股趨勢的成長情形，以及對企業目前遭遇的數據成長構成的影響。第二部分，我們將了解企業因應這些力量而必須採用的六種策略。我們將檢討各種策略的成熟度模型，方便讀者判斷自己的企業在市場變化中的適應情況。最後，我們將探討企業目前可以採取的六種具體行動，為將來做好準備。

我在這趟寫作旅程的目標是寓教於樂。我提出的企業挑戰規模，或許有些令人驚慌失措，但我認為其中的機會也令人躍躍欲試。

本書最後的總結，將根據書中探討的趨勢，提出到了二〇二〇年可能發生的五種生活情境。這些情境將提供脈絡背景，了解這些變化短期內的可能走向，並有助於找出在這個日益由數據驅動的世界中，可能出現的一些商機。

我希望這些情境能證明，這個由數據帶來機會的世界是個生活與工作的好地方。確實，我們將會被迫開放更多關於自身的資訊，但得到的好處使我們更有可能加入這個數據化的世界，而不是成為生活在資訊時代邊緣的反數位化人士。接下來，我們就直接開始，準備迎接數據浪潮吧！

I. 造成資料爆炸的六大趨勢

一連串的社會力量因為得到這個世界的資訊而成長，又反過來餵養那些資訊。社群媒體、手機、電子商務、數位娛樂、雲端運算以及大數據，是改變你我生活的科技，這對任何人來說都不再是新聞了。但是在這一部分，我希望達到幾個目標：

第一，我想界定這六個社群和技術趨勢，說明它們究竟是什麼、如何影響我們的生活，以及對數據成長有什麼貢獻。其次，我想將它們一一量化，描述它們的採用率及成長和未來的趨勢。最後，我打算說明每一種趨勢如何影響許多產業的發展。因此，這個部分應該有助於讀者將各個趨勢放進自己工作與生活的脈絡，了解各個趨勢如何驅動我們每天體驗到的變化。

接下來，我們先深入回顧過去這段時間，以便清楚展望未來。

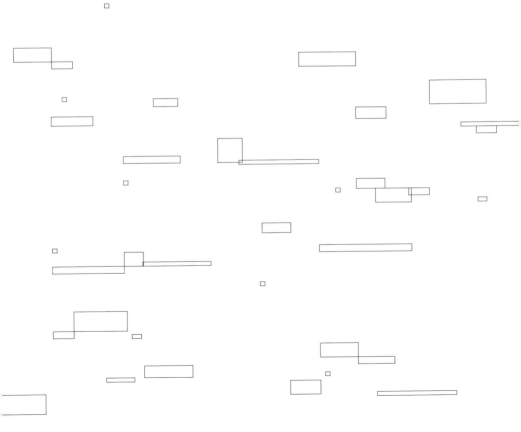

1. 行動互聯

從物聯網到穿戴裝置，引爆數據的指數成長

如果你是二〇一三年後的一般美國人，有約六〇％的機會，你的皮包或口袋裡有支智慧型手機[1]。你用這支手機和同事發推文、買東西、照相、拍影片跟朋友分享。也許你還一面用這支手機玩遊戲，一面在一家你從Google地圖找到的商店排隊買咖啡。你可能用不久前剛下載的應用程式寄給你的折價券，而該應用程式又是根據你臉書（Facebook）的朋友推薦而來。另外，你可能使用雲端運算服務，將這支手機和家裡的電腦、工作用的筆記型電腦，以及另一半的智慧型手機同步。

這一切，在十年前都還聞所未聞。的確，我們使用手機通話的時間並沒有太久。如今，手機為我們生活的每個層面都帶來巨大轉變。事實上，根據Google，現在每七筆線上搜尋就有一筆來自行動裝置，而七二％的智慧型手機使用者會用手機改善購物經驗[2]。

因為智慧型手機而變得可行的行動運算，或許是人類史上成長最快速、成果最豐碩的科

技形式。以採用情況來說，行動性就像火與電力的創造一樣普及。二〇一〇年，全世界有四十五億人口擁有手機[3]。值得注意的是，同一年只有四十二億人口擁有牙刷[4]。二〇一二年，全世界大約賣出十五億至十七億支手機，代表總人口的五分之一在那一年都買了新手機。到了二〇一三年，行動用戶成長到超過六十八億[5]，將近總人口的九〇%。確實，手機不再是奢侈品，反而是個人與現代世界的主要互動點；這項物品對我們的生活，重要到我們寧可放棄其他需求，也要保持連線。

手機如此深入我們的日常生活，很難想像沒有手機的世界。因為這樣的採用率，行動通訊市場現在市值達一．三兆美元，約為全世界國內生產毛額（GDP）的二%[6]。而且這個市場的成長速度，遠遠超過整體GDP的成長腳步。

傳統手機（或者你想稱為智障型手機）依然是全世界使用的多數（約為所有手機的七〇%），但智慧型手機正迅速占據行動市場。儘管手機的整體年度銷售隨著市場飽和似乎已經達到高峰，但是大量使用者正將傳統手機換成智慧型手機。智慧型手機確實讓行動產業產生翻天覆地的變化，新的競爭者蘋果（Apple）與Google徹底擊垮原先實力堅強的業者，如諾基亞（Nokia）與製造黑莓機（BlackBerry）的公司RIM。

現在已經很難想像僅僅十年前，諾基亞和黑莓機是如何稱霸整個行動產業。二〇〇〇年，我也在幾百萬人潮之列，追求極致時尚的經典手機——鋁合金外殼的諾基亞八八一〇。雖然這款「智障型手機」零售價將近一千美元，諾基亞生產的速度卻趕不上。甚至連話題人物芭黎絲・希爾頓（Paris Hilton）也是早期採用者。當然，還有和基努・李維（Keanu Reeves）在電影《駭客任務》（*The Matrix*）一起亮相的諾基亞七一一〇。

隨著手機越來越聰明，用戶也越來越關心功能與外形，諾基亞發現命運改變了。諾基亞投入大量時間和精力擴充手機功能，但是該公司似乎步伐跨得太大，創造出一個全新的作業系統：Symbian。雖然用戶想要有更多功能（像黑莓機，可以收發電子郵件），但不見得願意為了獲得這個功能，而學習一套全新的作業系統。因此，Symbian 默默泯於無形，很少人會買 Symbian 作業系統笨重龐大的複雜手機。

至於黑莓機，乃是智慧型手機的技術先驅，讓使用者可以收發電子郵件，還能打電話、傳簡訊。黑莓機還是重大的時尚宣言，芭黎絲・希爾頓很快就改用這款新的超級手機。這款手機的新功能實在太令人沉迷，很快就被人以高成癮古柯鹼毒品快克，冠上了「快克莓」（Crackberry）的綽號。黑莓機直到二〇〇八年都是獨一無二的霸王機種，當時的美國總統提名人歐巴馬（Barack Obama）甚至拒絕將他的「快克莓」交給特勤組成員，即使他們對他的隱私和安全有疑慮。快克莓太令人著迷，以至於二〇〇〇年代初期，我有個經理，和他討論事情時根本無法跟他有眼神接觸，因為他都忙著用快克莓查看電子郵件。

時間跳到二〇一二年，諾基亞和黑莓機都已深陷泥淖。儘管ＲＩＭ公司眼看著市占率從二〇〇八年的四四．五％高點，滑落到二〇一二年約四．六％的低點[7]，卻依然試圖在自家手機推行獨立的作業系統。諾基亞被迫棄守自己的智慧型手機作業系統，轉而和微軟（Microsoft）的 Windows Mobile 8 作業系統結盟。然而，諾基亞就在十年間，眼看著全球市占率重挫逾二十五個百分點[8]，而且這個市場在同期間卻成長三倍。這兩家公司過去十年，加起來約流失了兩千億美元的市值[9]，就因為他們未能預見智慧型手機的爆發，以致淨值出現巨大虧損。行動產業這樣巨大的變動，原因顯而易見且不可抗拒。智慧型手機可在許多層面強烈豐富我們的生活，這種轉變展現在行動數據服務、行動應用程式，以及定位服務的成長。

行動性如何引爆數據成長？

數據成長的四個主要驅動因素是由行動性引發的：普遍性、連結性、數據啟動（data enablement），以及情境脈絡（context）。我們來一一探討這些驅動因素。

首先是普遍性，又稱為網路效應（network effect）。地球上目前有超過六十億手機用戶，你隨時都有對象可以說話，也一定有東西可以說，而且大多數的人隨時都在利用這種普遍性。舉例來說，二〇一二年在美國，三四％的家庭不再有室內電話[10]，這些家庭的住戶只仰賴手機保持和世界的連結。美國二〇一二年的語音服務使用總數超過二・三兆分鐘[11]，而且每年以三%穩定成長[12]。

結合普遍性和連結性，表示無論你什麼時候有話要說，極可能都有人願意也能夠傾聽，不管對話有多空洞。不只將近六十億人連結到網路上，他們甚至幾乎永遠不斷線。如果願意，你每天二十四小時都能跟其他人互動。也許你已經注意到工作中這種連結性的影響：傳統朝九晚五的工作時間，已經被似乎永無止境的工作時間所取代。以我的工作來說，電話會議從早上六點（因為必須和歐洲那邊的人通話）延續到晚上（因為必須和亞洲的人通話，而這時他們才正展開新的工作日），並不是什麼罕見的事。由於連結性，我有更多機會產生越來越多的數據。

美國在二〇一二年使用手機的通話時間超過二・三兆分鐘，換算下來就是每人每月約十小時[13]。因此可以肯定地說，手機還是用來做語音通訊居多。然而，數據通訊對使用者來說也日益重要，從二〇一二年美國民眾互相傳送超過二・二七兆封簡訊，可見一斑[14]。簡訊和語音流量都以每年約三%的速度成長，顯示都到了飽和點，至少暫時如此。這些形式的流量預計還會持續成長，只是速度會慢許多，因為有越來越多用戶透過像推特（Twitter）和臉書之類的社群平台溝通。

—成長超過一〇〇%的行動數據—

讓智慧型手機有「智慧」的因素之一，就是能夠取得形形色色的數據。行動數據服務包括簡訊、網路瀏覽、使用應用程式，以及諸如 Netflix 及 YouTube 的串流服務。隨著智慧型手機取代傳統手機，以及行動數據網路（cellular data networks）開疆闢土，將足跡擴展到中國、印度，以及其他開發中國家，數據服務已經快速取代語音服務，成為行動流量的主要形式。

相對於語音和簡訊流量，數據流量在二〇一二年成長超過一〇〇%，達到十一億 GB（gigabyte，十億位元組或吉位元組）[15]。這已經是很大的數目，然而，雙倍的成長率卻還未見趨緩的跡象。反倒是隨著更多顧客改用智慧型手機，以及更多裝置開始連結到行動網路，預料成長速度還會加快。智慧型手機迅速令傳統電腦失色，因為光是連網這個簡單理由，就讓我們幾乎人手一機不離身。隨著非人類使用者或「物體」，也加入連網並開始與我們溝通，這股趨勢將持續倍增。

—應用程式既消費數據，也創造數據—

二〇一二年三月二日，蘋果公司宣布旗下的應用程式商店，應用程式已經創下兩百五十億次下載，這個數字非同小可，因為這個商店在二〇〇八年七月以前還不存在。二〇一三年初以後，該數字變成超過四百億次下載，真是十分驚人的成長率[16]。隨著應用程式商店邁入五週年，提供給使用者的應用程式超過七七．五萬種，每週還增加好幾千種[17]。為了不落人後，Google 提供給安卓（Android）作業系統的應用程式商店，也發表數目相近的應用程式與下載次數，創造幾十億美元的營收，徹底改變全世界幾十億智慧型手機用戶的生活。確實，根據市場研究機構顧能（Gartner）估計，應用程式的全球營收預計在二〇一三年整整成長六二％，達兩百五十億美元[18]。

對於應用程式的受歡迎程度，我猜想你起碼有些概念。但對沒有接觸過的人來說，應用程式或行動裝置應用程式，大致可以定義為在智慧型手機或平板電腦等行動裝置上運作的軟體應用程式。蘋果、Google 以及其他平台業者提供的定義都差不多模糊，所以我做些補充，定義成功應用程式的幾個關鍵特色：

一、**使用應用程式的費用不貴**：應用程式成功的一個關鍵，就是進入門檻低。並不是所有應用程式都免費，但大多不到十美元，而且絕大多數在五美元以下。

二、**應用程式使用行動平台**：應用程式是用於智慧型手機與平板電腦的，因此應該利用這些平台獨有的優勢。也就是說，任何有特定需求的人，都可以在任何地方、任何時間使用。

除此之外，成功的應用程式讓使用者可以做些不方便用筆記型電腦或桌上型電腦做的事，意思就是應用程式會善用行動平台。

三、應用程式滿足特定需求：大部分成功的應用程式能滿足使用者某項特定、具體的需求。無論使用者是要從遊戲應用軟體尋找五分鐘的娛樂、最近的加油站，或是在附近找人吃午餐，應用程式都要在當時當地，為使用者提供有價值的服務。

四、應用程式了解自己的主人：真正成功的應用程式會追蹤和記錄使用者。簡單的如憤怒鳥（Angry Birds）會記錄你的個人最高分，複雜的如有應用程式知道你最喜歡的購物地點或用餐地點。應用程式對你了解越多，你就越有可能使用。這建立了一種自我強化的關係，使得一些應用程式幾乎令使用者沉迷上癮。

其他應用程式可能有別的特色，但上述這四項是應用程式成功的關鍵。蘋果應用程式商店裡超過七十五萬種應用程式，有超過四十萬種從來沒有被下載過[19]，可見許多應用程式顯然沒有達到上述指標。以四百億下載次數來說，應該也能清楚看出，成功的應用程式通常超級受歡迎。只要想想蘋果在二〇一二年撤掉Google地圖，支持自己內部開發的iMaps，結果引發全世界的反彈，就能明白大眾有多麼重視應用程式！

應用程式和數據成長的討論息息相關，因為它們既是大量數據的消費者，同時也是創造者。舉例來說，負責找出使用者所在地點的應用程式，會在每次使用時產生地點的數據。這些時間日期的印記，本來使用者並不知道，應用程式設計者也不會透露，不料卻在二〇一〇年導致幾起令人矚目的醜聞。

雖然蘋果及Google為了未知的目的保留並使用這些紀錄，一開始產生了某些反彈，但使用者很快就克服最初的疑慮，繼續下載更新、更完善的應用程式，而這些應用程式又更密切地記錄了他們的活動。隨著應用程式日趨成熟且功能增加，這將變得越來越普遍。因此，它們創造的資訊洪流將與日俱增。到了第十章，我們將回到應用程式的世界，以及它們如何改變企業未來十年與顧客互動的方式。

定位服務與情境運算衍生的數據巨流

前述行動數據成長的最後一個驅動因素，就是情境脈絡。行動裝置的情境是指使用者的時空背景；這就發展為眾多應用程式利用個人的位置，提供內容給使用者。這些定位服務或情境運算進一步增加智慧型手機的價值，這可從圖1・1應用定位的服務穩定成長中一窺端倪。自從進入本世紀，大多數的手機都能使用全球衛星定位系統（GPS）的訊號，也就是一群衛星繞著地球運轉，讓裝置能以驚人的精準度判斷時空位置。利用這項資訊，手機可以告訴使用者他們的所在地與時間，又稱為定位服務。結合定位服務和智慧型手機的力量，就可以創造出所謂的情境運算。

情境運算結合了使用者的時空位置，加上智慧型手機所能得到的其他相關數據，產生的結果和使用者的時空位置息息相關。一個簡單的例子就是，在智慧型手機上利用地圖應用軟體搜尋「加油站」，如果沒有明確指定，應用程式會假設你是要搜尋最靠近你現在位置、或目前時空環境的加油站。結合你所在的地點、時間以及你這個人的獨特組合，創造出幾近無限的機會，可以一天二十四小時賣東西給你。如此一來，情境運算將產生好幾個數量級（ordesr of magnitude）的數據，供我們創作與消費。

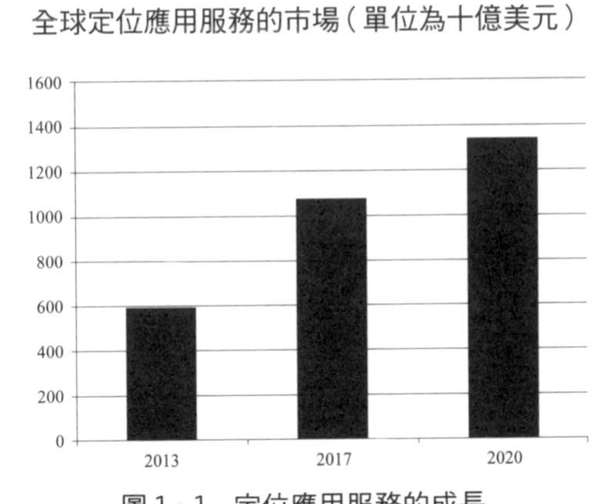

圖1・1　定位應用服務的成長

資料來源：市場資訊集團（Market Information Group）[20]

一穿戴式眼鏡，每人每天將產生長達一部電影的視訊一

到了二〇一四年，消費者開始可以買到穿戴式裝置了。Google在二〇一三年發表Google

眼鏡（Google Glass），而眾人望穿秋水的蘋果 iGlasses 也不會太遠了。這些穿戴式電腦讓使用者體驗「實境強化」（enhanced reality），即數位資訊投射在使用者的視野，展示與使用者觀看目標相關的背景資料。例如，假設有人戴這種智慧型眼鏡尋找特定商店，前往商店的路線指示便會投射在視野之中，使用者便不必常常低頭看智慧型手機的螢幕。

除此之外，這些智慧型眼鏡還可以搭配攝影機，讓使用者創造第一人稱（first-person）的影片（即穿戴者觀點的影片）。這些影片之後可以和他人分享，不管是直接串流，或是在YouTube之類的網站分享。現在，你或許會好奇有多少人想要體驗彼此的生活，但只要看看類似臉書、推特，以及 YouTube 等網站的成功，就能預測智慧型眼鏡將是改變局面的科技。就像智慧型手機導致網路產生的數據增加一、兩個數量級，智慧型眼鏡也會造成數據出現類似的暴增。

此外，智慧型眼鏡的影片可以將影像加入供情境運算的數據之中。因此在不久的將來，下載在 iGlasses 的堅寶果汁（Jamba Juice）應用程式，就會知道你最近跟朋友湯姆（臉部辨識軟體會分析你貼在臉書上的視訊檔案）外出逛街；知道湯姆喜歡堅寶果汁的「非常莓果冰沙」（與湯姆先前的購買行為做比較）；還知道你們兩個都喜歡你家附近的那家堅寶果汁門市（來自 iGlasses 的定位資料）。將這些全部放在一起，堅寶果汁應用程式就知道，如果你們在十五分鐘後順路經過，應該傳送這家門市買一送一的折扣簡訊給你們兩人。

智慧型眼鏡將進一步引爆數據成長。想想看，如果每個戴上智慧型眼鏡的人，一天中的每個鏡頭都記錄下五分鐘，每天相當於創造了一部劇情片的長度。假設智慧型眼鏡的採用率和智慧型手機或平板電腦相同，可以合理預期到了二〇二〇年，使用者手上將有幾千萬副智慧型眼鏡。因此，不用天才也能想到，YouTube將需要更多的儲存容量，而且很快就需要。

正如這個粗淺的例子所顯示的，行動性近期內將產生巨量的數據，也將需要巨量的運算能力和網路頻寬。成功的企業將認知到這些需求，也會滿足這些需求，因為要求生，這些投資都是必要的。

一物聯網將超越人類，成為創造數據的大宗一

儘管手機的市場快速接近飽和，另外一個市場卻使行動市場有如小巫見大巫。被稱為「物聯網」的這個市場，組成的裝置具備自我感知、使用者感知、環境感知，以及最重要的連網。這些連網物體將產生源源不絕的數據，我們的網路目前支援的訊息量都相形見絀。而且隨著這些物體越來越有智慧，也越加深入了解使用者，它們將更加頻繁地彼此溝通，而且不需要人類的干預。有些分析師預估到了二〇二〇年，物體傳送給彼此的訊息，將超過傳送給它們服務的使用者。

目前的例子包括配備有安吉星（OnStar）的汽車，或是配備無線網路（Wi-Fi）的電視。這些搶占灘頭的應用程式後頭，緊跟著連網裝置的大軍壓境，包括家電用品、醫療設備，甚至衣物。其實，如果算上新興的無線射頻識別系統（RFID），我們的世界幾乎一切事物都能與其他東西交流。

也許行動數據的數量成長驚人，但我們的社會卻還沒有開始體驗真正大量的資訊流，即使我們正快速接近行動飽和點，亦即每個想要手機的人都能人手一支。這表示行動數據流量很快就要到達高峰了嗎？並非如此，反倒是行動數據流量的來源很快就會有巨大的轉變，從人類轉移到生活中的物體。

在不久的將來，行動流量的大部分將來自物體，而不是人類。智慧型汽車、智慧型家電、智慧型量表，以及智慧型這個、智慧型那個，全都透過行動科技連結在一起。一旦連網，它們將各自創造穩定的訊息流，通知世人它們的狀態、可用性等等。隨著這些智慧型裝置的數量開始遠遠超過手機，我們將見識到令今日水準相形見絀的數據傳播與訊息傳遞量。我稱這樣的市場轉移為「物品智慧化」（thingification），並將在第十二章深入說明這個現象。

行動性的這四種特性——普遍性、連結性、數據啟動，以及情境脈絡，都將繼續擴大大量資訊的可得性，同時也會增加消耗量。這些特性使得行動裝置對使用者來說變得不可或缺，例如智慧型手機，而我們對口袋裡小電腦的沉迷，暫時也沒有什麼消退的機會。

●指數型爆炸的數據流

一、行動科技快速遍及全球，全世界將近九〇%的人口，目前都使用某種行動裝置。

二、這種普遍性會導致人與人之間的連結性大幅增加。有更多人花更多時間在線上，從行動裝置的語音通訊時間、簡訊，以及近來數據消耗數量的成長趨勢，就可看出端倪。

三、行動裝置的數據啟動正迅速橫掃全球，到了二〇一五年後，行動上網可能超越其他所有的連網裝置。

四、情境式服務一直是行動採用及數據成長的關鍵驅動因素，只是還在萌芽階段。情境式服務在未來十年，肯定會經歷兩位數的年成長率，說不定還會超過網路上所有其他形式的數據流量。

2. 虛擬生活
把使用者當成產品的社群媒體

無論稱為社群媒體、社群運算、網路二・〇或是線上生活，這種新型態的網路現況，已經改變地球上幾乎所有人的日常生活。可以說，網路二・〇對社會的影響高於網路一・〇，而且種種跡象顯示，社群媒體在人類之間的採用率將持續成長，至於已經連接到這些網路的，也將持續使用下去。

我們且來分析幾個二〇一〇年代初期最受歡迎的社群平台，了解這項科技與社會現象。

臉書：創造數百萬數位族群的巨型平台

如果你從二〇〇〇年代中期就住在岩洞底下，才有可能沒聽過臉書。臉書是個社群媒體網站，讓使用者可以在線上彼此聯繫。一旦聯繫上了，大家就可以在自己的頁面留下訊息，這些訊息之後又會分享給其他與貼文者有聯繫的人。使用者可以回應彼此的貼文，包括按讚表示喜歡這篇貼文，或是留下自己要說的話。如此一來，臉書創造了一個環境，供幾百萬人進行幾十億場對話。臉書促成了幾百萬個「數位族群」（digital tribe），讓成員們對各式各樣的話題閒聊談天。

進入臉書時代的十年內，很多人已經很難想像臉書出現之前的生活。今天，臉書和它滔滔不絕的兄弟推特，都變成全球性的文化現象。二〇一二年，一〇・六億人每天在臉書花費將近一百零二億分鐘（不包含行動用戶）[1]，而一般用戶每月登入臉書網站的時間逾四百分鐘[2]。以美國聯邦政府最低時薪七・二五美元來算，每天一百億分鐘相當於每年四千五百億美元的經濟活動損失。在美國企業面臨現代史上經濟最艱困時期之際，這是相當大的浪費。

到了二〇一三年初，臉書早已超越十億用戶大關。事實上，「上臉書」已成為以點擊率計算第二受歡迎的網路活動，排名第一是Google搜尋。以花費的分鐘數計，臉書是排名第一的線上活動，占所有用戶花在線上的總時間約九%[3]。常用臉書的人都知道，你很容易就沉迷在臉書上的訊息流量，特別是你有使用智慧型手機的話。

當然，臉書也在基礎設施上投資了幾十億美元，支援這樣的成長，而這又引來「錢從哪裡來」的問題。就像其他大多數網路上的「免費」服務，臉書的營收是靠蒐集用戶的數據賣給第三方，以便在臉書上精準廣告（targeted advertising），並提供給希望更了解顧客的公司進行獨立分析。

臉書的數據之所以對行銷人員格外珍貴，是因為臉書用戶展現的個人私密程度。許多人把臉書當成和朋友之間的私人電話，而不是公開展示和記錄的互動，所以之後可以被心理學家以及他們的新好友——數據科學家拿來分析。

推特：每天四億條訊息的龐大資料庫

臉書並不是社群媒體領域唯一的大型參與者。對沒那麼囉嗦的人來說，還有推特。推特的營運模式和臉書有些差異，而且特別適合行動用戶。推特使用者創作的「推文」（tweet），是一百四十個字元以內的簡短訊息。使用者的推文是向全世界發表，而不是像臉書那樣，僅限於已接受為朋友的特定觀眾。推特使用者可以訂閱彼此的推文，允許使用者建立各式各樣的關注。此外，大部分的推文，任何人都可以搜尋，因此先前送出的大量推文會累積起來，供其他人進行分析。

為了不讓臉書專美於前，推特在非常短暫的時間內達到更高的採用率。從二〇〇六年三月推出開始，推特的規模雖然不如臉書，成長率卻比臉書快。到了二〇一二年，推特在全世界共有超過兩億有效註冊會員[4]。這樣的用戶人數每天送出超過四億條推文，其中大多是行動用戶[5]。

此外，由於舊的推文還保留著可供搜尋，推特每天還支援超過十六億筆搜尋[6]，這些搜尋有的是個人尋找特定的資訊，有的是企業在監測推特的流量，尋找行銷的資訊。推特的商業模式是限制免費提供的數據數量，想要存取推特完整的數據流，則要收費。此外，推特依循跟臉書一樣的路線，開發自己的廣告收入，利用詳細的個人資料，以具體的行銷訊息鎖定用戶。

若是懷疑推特身為社群平台的力量，只要看看眾多名人在這個平台上累積的訂閱數量即可。推特粉絲群數量極多的幾個明星包括[7]：

- 小賈斯汀（Justin Bieber）：三千六百萬粉絲
- 女神卡卡（Lady Gaga）：三千五百萬粉絲
- 凱蒂・佩芮（Katy Perry）：三千四百萬粉絲
- 蕾哈娜（Rihanna）：兩千九百萬粉絲
- 歐巴馬總統：兩千八百萬粉絲

記住，加州的人口大約三千七百萬；所以說，小賈斯汀的粉絲幾乎有一個州那麼多。這幾個例子說明推特這樣一個平台有多大的影響力，以及在推特有人關注，會給你多大的影響作用。

—社群媒體揭露的顧客私密資訊，暗藏許多服務的契機—

這一切對企業有什麼意義？為什麼企業不應該只將社群媒體當成超大的聊天室，有一堆青少年互相貼一些不可信的留言和照片？社群媒體遠不只如此，若稱之為人類溝通的革命也不算誇大。無論對它們是愛是恨，臉書、推特以及其他社群媒體網站，幾乎徹底改變了世界的各個層面，包括我們對彼此互動的希望和期待。社群媒體使用者對這種隨意親暱的新期待，延伸到最貼近他們的數位族群以外，現在還包括和他們有互動的企業。事實上，如果你的企業還沒有善加利用這個管道，進行顧客參與，接下來的十年勢必會流失大量的顧客心理占有率以及錢包占有率。

對於想要利用社群媒體的企業，其中一個挑戰就是，這些平台改變了顧客對企業參與的期待。不到十年前，顧客參與可能是在顧客生日的時候，給產品或服務打個折扣；但今日的顧客參與則意味著，在顧客朋友的生日時也給予折扣，同時根據那位朋友的個人詳細資料，判斷對方究竟喜歡什麼樣的禮物。由於社群媒體，現在的顧客參與意味著，顧客親密

（customer intimacy）的程度逼近於侵入，因為行銷人員現在可以將顧客的個人資料調查到駭人的地步。不過，這樣的親密性使得企業可以深入回應顧客需求，甚至讓許多顧客無法想像沒受到這樣的對待。使用者從社群媒體獲得的益處，價值大到讓許多人認為，即使喪失隱私也很划算。

這種必要的親密性，自然意味你的企業行事必定要有別於從前。現在顧客和你的企業互動時，期待你對他們個人有深入的認識與了解。當他們打電話到你的顧客支援中心時，期待你對他們瞭若指掌：他們過去向你買過什麼、可能遇到什麼問題，當然還有如何立即解決他們的問題。

過去，企業購買顧客關係管理（Customer Relationship Management，CRM）系統安裝後，就指望這套系統執行任務。這些CRM系統記錄顧客互動，包括他們什麼時候買了什麼，以及是否要求協助。系統可能也記錄了一些顧客本身的資料，例如地址和生日。在二〇〇〇年代初期，這種程度的顧客資料就被視為「顧客親密」了。然而，有了社群媒體，我們所能達到的顧客親密程度便使CRM系統變得一文不值。

透過社群媒體，企業可以發掘顧客的感覺、態度、想法、恐懼，以及渴望。在這些平台上，一般人會透露大量有關自己的私密資訊，幾乎無視於如此公開的後果。而揭露自己這麼多東西的回報，就是顧客可能從亟欲滿足他們需求的企業手中，獲得許多好處。因此，即使在社群媒體放棄很多隱私，卻可以收到一些重大益處作為回報。

到了二〇一〇年代，如果沒有適切回應這些新的期許，顧客接下來極有可能會在他們能接觸到的各個社群媒體平台，怒罵你的公司。錯過一次顧客服務機會，到他們發表負評的週期時間，現在可是以秒計算，尤其現在有越來越多社群媒體用戶轉移到行動平台，並且時時和他們的群體連結在一起。唯有成功預測這些改變並勇於接受的公司，才可能在近期內繼續存活，就像社群媒體的獨特用語不僅改變了企業如何與顧客應對，還改變了企業本身的營運方式。

一從社群創造新的顧客親密度，將能帶來最大的價值一

臉書革命的一個副作用，就是很大比例的人口現在過著線上人生。某些常用臉書的人，似乎人生的時時刻刻都掛在網站上，對於個人隱私或基本禮節規矩渾不在意。很多人對自己在線上貼的東西似乎沒有考慮後果，就直接按下「送出」。早在二〇一〇年時，調查就指出，有八一％的離婚律師表示，臉書是他們審訊時的重要證據來源[8]。

到了現在，你肯定聽過一些人在臉書上自曝一些可怕的故事。詐騙、偷竊、性侵，甚至殺人，都有人在臉書上坦承不諱。他們臉書上的許多朋友都不敢置信，卻很快就遭地方檢察

官起訴。類似這樣的案例，差不多每星期都會在新聞中出現，但臉書的使用者還是繼續對線上世界集體坦露心靈世界。

二〇一〇年以後，太多起訴犯罪的訊息可以在社群媒體平台上找到，因此，大部分聯邦政府、州政府以及地方的執法單位，都積極在這些系統上打轉，尋找犯罪行為的證據。二〇一三年，愛德華．史諾登（Edward Snowden）揭露美國國家安全局的監聽計畫時，輿論反應相當微弱，顯然大眾現在都已習以為常，默認所有人都在顯微鏡底下，而且得到的益處大過於損失。

社群媒體促成使用者之間最親密的討論，而使用者似乎忘了自己是在公共論壇上溝通。這種親密的溝通不僅在臉書是常態，使用者也幾乎都認為理所當然。這為什麼重要？因為企業要從社群媒體收穫最多價值，也必須做出對顧客坦露心靈的樣子：在他們沒能達到顧客的期望時坦承不諱，並向因為他們不周到而覺得不舒服的顧客公開致歉。類似這樣的溝通，對大部分的行銷人員、客服主管，以及幾乎所有公司律師是新奇而不自在的。不過，這對顧客參與卻是新常態，而且企業若了解如何創造這種程度的顧客親密並加以維持，將可從社群媒體得到最多價值。

—不用收錢的免費服務，要賣的就是「你」這個產品—

臉書在二〇一二年公開上市時，市值達到一千零八十億美元的高點[9]，這的確是不小的數目。當時，這是網路公司最大一次首次股票公開發行（Initial Public Offering，IPO）。於是問題來了：一家提供顧客免費服務的公司，怎麼會值這麼多錢？要回答這個問題，得借用一位創投業者說過我最喜歡的一句話：「如果不用付錢，那麼你就是那個產品！」這對網路上許多「免費」服務（想想 Google、Hotmail 或雅虎）都能成立，對竭力將業務貨幣化以滿足投資人期望的臉書，更是如此（圖 2・1）。

臉書要達成貨幣化的目標，就是將資訊（也就是你的資訊）賣給想要賣東西給你的企業。你在臉書留的訊息，都有助於描繪你的形象：你的朋友是

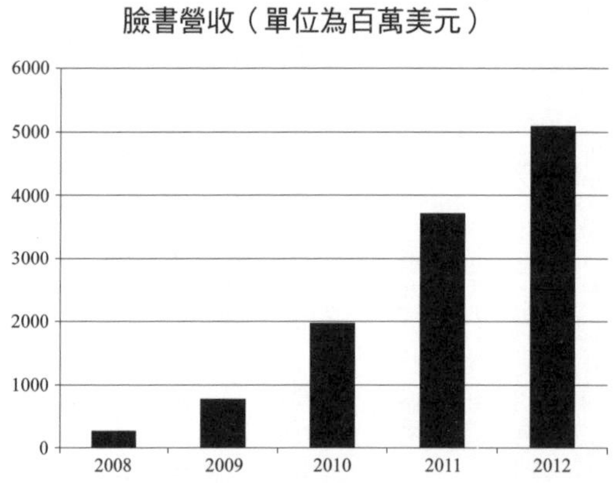

圖 2・1　臉書 2008 年至 2012 年的營收

資料來源：臉書 2012 年年度財報[10]

誰，你喜歡什麼、不喜歡什麼，人有多聰明，教育程度有多高，以及你的興趣或嗜好是哪些？所有這些資訊從源源不絕的留言、照片，以及你天天在網站上按的「讚」，都能輕鬆擷取出來。而且一個人在臉書上的內容越豐富，他們的塑造、分析及調查就越深入、越精準。

此外，臉書使用一連串的使用者導向遊戲，既能提供娛樂給使用者，又能更加深入洞悉使用者的心理。事實上，遊戲尤其能透露一個人的人格類型、與他人競爭的傾向、社交性，甚至是智商。如果你是臉書用戶，發現自己被朋友的遊戲邀請不斷轟炸，可以問問自己：為什麼臉書這麼努力要你玩它的遊戲？我保證它的動機有很大一部分是，玩遊戲供人更加精準地描繪你這個使用者兼消費者的形象，而臉書之後就能將你的個人詳細資料賣給其他人，達成貨幣化。

臉書手上可以賣給企業的，是數千萬人精準而私密的個人檔案，要是用上這些人投入在臉書貼文裡的資訊，要賣東西給他們可就容易多了。或許過去幾年，你已經注意到臉書的這個變化。你的臉書頁面開始看到更多廣告，而這些廣告可能比其他網站的廣告更吸引你。如果你花很多時間在臉書，情況更是如此。你在這個網站花的時間越多，廣告主對你的了解就越多，你的眼球對他們就更有價值。

社群帶來的行銷變革：從顧客參與到顧客親密

行銷是藉由吸引顧客的心靈和理智，把手伸進顧客的錢包。因此，對特定顧客的偏好、渴望、態度以及需求了解得越清楚，越有可能賣東西給他們。而這就是臉書的終極價值：使用者和臉書建立深厚的關係，在網站上分享自己那麼多事情，讓廣告主可以為個別使用者建立詳細資料，詳細到他們可以用深入到根本的精準廣告，接觸每個顧客。

這意味著行銷人員必須改變做法，從透過一網打盡的訊息，盡可能接觸到最多人，轉為寄發能夠引起特定個人共鳴的行銷訊息。這種做法一開始比較昂貴，也比較複雜，因為必須創造幾近無限多的不同訊息，組織整理後再適當傳遞。這又是另一個數據巨浪的例子。不過，一旦必要的系統和內容就緒，將這些訊息在適當的時間傳遞給適當的消費者，不過是小事一樁，而且也只是平台業者（例如臉書和 Google）提供的部分服務。

一家公司若是準備好將每個顧客當成個案處理，又能取得每個顧客的詳細個人檔案，就可以從簡單的顧客參與進展到顧客親密。有了顧客親密，該公司就和這個顧客達到了等同於好友的關係。當然，顧客親密意味著公司已經成為該顧客的數位族群穩定成員，建立起一定程度的信任，這樣可以帶來驚人的品牌忠誠，進而帶來獲利能力。

及早擁抱社群媒體，創造初步成效

到了現在，大多數的企業在臉書上，起碼都有一定的雛型了。他們以自己的公司名稱為臉書註冊名稱，可能行銷部門還有一組人，在網站上發表他們認為和粉絲息息相關的資訊。還有些公司在採用社群媒體上邁出好幾步，包括設計專屬的應用程式，主動在自己的網站吸引顧客交流，以及建立顧客部落格並持續維護，鼓勵顧客進行線上討論等等。

基於社群媒體對幾億人生活的重要性，擁抱社群媒體為擴大接觸顧客的管道，已經不能只是選項之一。無論你的業務本質是什麼，都必須接受這個新典範，就像在一九九〇年代初期必須擁抱網路一樣。那次的革命永遠改變了商業世界，而這次由社群媒體引發的革命，將大到讓網路造成的變化相形見絀。

●用一年四兆分鐘打造的龐大顧客資料庫

一、社群媒體已經快速成為網路排名第一的活動，在二〇一四年消耗全體人口逾四兆分鐘的時間[11]。

二、雖然推特和臉書正快速達到市場飽和，但在可預見的未來，他們的用戶流量可能持續雙位數的高成長率。

三、透過社群媒體，可以模擬一般人的行為、信仰、偏好以及意見，精準明確的程度是以前不可能達到的。

四、主要社群媒體平台快速成長的收入來源，證明企業開始利用社群媒體平台為顧客資料來源，進行精準行銷。

五、由於一些企業開始透過社群平台達成顧客親密，顧客很快就會期待所有企業都能提供類似的服務，豐富顧客體驗。

3. 數位商務

O2O是實體業者無法退出的選擇

所有人現在正體驗的爆炸性數據成長，滲透到了經濟、社會，以及生活的每個層面。任何科技轉移造成的變化總是有好有壞，就像每個科技世代，業界也都會有贏家和輸家。就已開發世界多數人的日常經驗來說，沒有哪個部門受到網路的助力與挑戰大過零售業。數據啟動的購物，徹底改變了我們的購物經驗，漸漸削弱一些二十世紀的重要品牌，並締造一些將主宰二十一世紀的新時代品牌。

網路誕生時，數位商務也跟著誕生。一九九〇年代末期，消費者認識了亞馬遜（Amazon）和 eBay 等強大品牌。當時許多權威專家認為，這些公司絕對無法跟傳統的連鎖零售店競爭，因為他們怎麼也比不上「個人購物體驗」。

十年之後，亞馬遜和 eBay 都成了零售業的巨無霸，而傳統零售業者現在卻苦苦掙扎求生。亞馬遜的營收在二〇〇九年到二〇一三年間，成長三倍達逾六百億美元[1]，而瀕臨或已經破產的傳統零售業者名單卻越來越長。儘管這些傳統零售業者大多企圖在線上和亞馬遜及eBay一較高下，卻還有其他新加入零售領域的業者，在動搖這個世界的購買經驗。今天，領導業者如亞馬遜，正蠶食零售的每個利基市場；而新的商務業者，如酷朋（Groupon）和PriceGrabber，正以即時兌換折價券、即時下單與比價、虛擬試衣間，以及集體議價，推動零售業的創新。如此一來，傳統門市發現要維持生意越來越難了。結果，不間斷的變化將為消費者帶來新的挑戰和新的機會。

數位零售商的新特色和新功能令人嘆為觀止，也進一步為消費者正經歷的數據洪流做出貢獻。企業的這些新特色，乃充分利用他們對顧客如何購物、買了什麼、為什麼買，日益深入的了解。一旦這些資訊進入他們的系統，他們將根據這些深入的理解，以新的交易淹沒潛在顧客。確實有些零售業者正利用詳細的顧客數據，擴大行銷預算，這意味不設法跟進的零售業者，將很快陷入極為不利的境地。擁有這些數據並每季檢討是不夠的；零售業者還必須即時利用這些數據，甚至趕在顧客產生需求之前賣東西給他們。

—消費的兩極化：極品（Ultra-premium）與商品（Commodity）—

零售銷售數字清楚顯示的社會趨勢之一，就是零售的各個部門都有強烈的顧客兩極化現象。顧客購買行為漸漸趨向價格——價值連續線（price-value continuum）的兩端，在其中一端，顧客選擇花更多錢（有時候甚至多出很多），購買他們認為高品質的品牌，例如蘋果、蔻馳（Coach）、維珍航空（Virgin Atlantic Airways）或賓士汽車（Mercedes-Benz）。這些品牌已經奠定奢侈品或奢華服務業者的地位，並傳達購買者的某種生活風格或姿態。之後，這些企業就能對他們的產品和服務收取高價，而顧客似乎樂於付出高價，以便享有高價所代表的額外價值。

而在另一端的顧客，購物完全是看價格，而且要求供應這端市場的業者大減價，例如沃爾瑪（Walmart）、好市多（Costco）、西南航空（Southwest Airlines）或起亞汽車（Kia）。這些企業能成功是因為經濟實惠本身就是一種品質，而顧客也樂見業者能以大減價滿足他們的基本需求，擴大他們的購買力，以便挪出一些資金偶爾奢侈一番。這些企業能成功，是因為他們能抓住大半的現有市場，再利用提升規模與產品範疇的效率繼續壓低價格，以維持甚至提高自己的獲利。

沃爾瑪肯定是商品領域的霸主，在零售通路強大到二〇一二年的營收超過四千七百億美元，約占美國GDP[2]總值的三％以上。其實，沃爾瑪二〇一二年的獲利一百五十七億美元[3]，幾乎等於傑西潘尼（JCPenney）同年的總營收一七二．六億美元[4]。中階零售商如傑西潘尼、西爾斯（Sears）、凱瑪（Kmart）以及梅西百貨（Macy's），門市營收都遭到嚴重侵蝕，而線上通路的效率又遠遠不如亞馬遜或沃爾瑪，因此，這些中階業者將繼續急遽衰退，而且可能到了二〇二〇年已不復存在。

而原本供應品質——價格連續線中間階段的業者，在市場大風吹落幕、顧客終於掏錢出來時，將再無立足之地。前面提到那些麻煩纏身的企業，隨著消費者能夠從開放市場與幾近完美的競爭中獲取所需之後，很快就會變得無足輕重。

當然，顧客還是會在這些地方選購商品，就算只是為了享受逛街購物這種愉快的社交活動。不過，這些逛街的人在準備買東西時，有越來越高的比例會利用行動科技，針對他們打算購買的項目立刻進行比價。遇到這種狀況，零售商將失去所有的定價能力，也失去在顧客鄰近地區設置零售地點所能掌握的地方市場優勢。只要運輸成本可以控制，顧客極有可能從網路上找到更便宜的同項商品，而中階市場零售商將流失這筆原本投資實體門市所要促成的銷售。

定價能力悄悄轉移到消費者端的情況，將持續侵蝕中階市場公司差異化的能力。他們的獲利能力太低，無法靠品牌形象或高體會（high-touch）的顧客服務推銷，而他們的固定成本與變動成本又太高，在價格上無法跟折扣連鎖商店競爭，因此，這些公司發現自己身處零售業的荒原，鮮少能在未來十年存活。

—實體零售業的崩毀：數據決定誰是贏家—

傳統零售業因為線上競爭而嚴重受創，並不令人意外。實體零售業衰退的近期受害者包括博德斯書店（Borders）、百視達（Blockbuster）、Filene's、Ultimate Electronics、Metropark，以及Super Fresh Foods。此外，還有幾家知名零售品牌的財務陷入困境，包括OfficeMax、Pacific Sunwear、RadioShack、Rite Aid、西爾斯、凱瑪、Talbots，以及傑西潘尼。這些公司眼看著店內營收急速下滑，而維持這些實體市場的成本卻隨著通貨膨脹而持續上升。

到了二〇一二年的假日購物季結束時，一些重要的中階市場連鎖零售業者都宣布，計畫關閉全國幾家分店，包括百思買（Best Buy，關閉約二〇%至二五%的分店）、西爾斯（關閉五%至六%的分店）、傑西潘尼（關閉三〇%至三五%的分店）、Office Depot（關閉一〇%至一二%的分店），以及巴諾書店（Barnes & Noble，關閉三〇%至四〇%的分店）[5]。這些企業大多因為消費者將花費轉移到線上通路，營收受到重大侵蝕。而且因為這些線上通路導致定價能力轉移，他們的獲利又受到更大的衝擊。

難道這些就意味購物中心走上末路了嗎？不大可能。雖然有些傳統零售業者在掙扎求生存，其他業者卻蓬勃發展。有什麼可以解釋零售業贏家與輸家之間的這種差別？一言以蔽之：數據。這些零售業者結合地利之便與顧客數據的力量，在網路強勢競爭下，依然擴大營收與獲利。這些業者明白，讓顧客實際光顧門市對於準備購買有何價值，而且添上所有關於這個顧客的有用資訊。聰明的零售業者利用顧客在場的固有優勢完成交易，巧妙應用的正是讓網路購買沛然莫之能禦的顧客數據。將這兩種因素加在一起，零售業者或許得以復興。不能擁抱顧客情境的力量，企業將在面對數據啟動的競爭之際節節敗退。

結合實體與網路的新銷售模型

傳統零售商可說有一項策略優勢，優於線上零售業者——他們可以提供顧客親身的真實購買體驗。這些業者利用門市讓顧客實地瀏覽商品，讓逛街購物成為一種打發時間的活動或體驗。零售業的「購物娛樂」（shoppertainment）這種看法，無疑有些真實成分，因為很多人都承認，就是喜歡去一家商店裡面逛逛。很多傳統零售業者低估了亞馬遜等線上零售商的力量，因為線上業者無法複製地區性購物中心所能提供的實體購物經驗。

不過，提供這種前端消費經驗，不見得代表門市就必須依照傳統方式營運。事實上，有一些新的零售業者提供令顧客滿意的現場購物體驗，又以網路的管道滿足他們的需求。就拿男性服飾業者 Bonobos 為例，這家連鎖店提供零售場所讓消費者瀏覽產品，試穿看看是否合適和感覺如何，還可以考慮不同的材料與剪裁。一旦顧客的尺寸和偏好都記錄下來，Bonobos 就利用這些資訊接受顧客的訂單。不過，Bonobos 的顧客不是在商店裡就拿到購買的東西，而是從中央倉儲直接寄送給消費者，簡化公司的物流、庫存管理，以及處理流程。

雖然許多傳統零售業者很不滿顧客只是把他們當成當地的「試衣間」，之後卻在網路上買東西，Bonobos 卻是利用這種行為，明確界定他們的業務模式。他們的零售空間就真的只是試衣間，滿足顧客需求則是交由中央管理，幾乎就跟所有網路公司一樣。Bonobos 的顧客因此同時獲得實體和線上世界最理想的部分：親臨零售地點的購物娛樂體驗，以及線上零售提供的低價和高效率服務。像 Bonobos 這樣的公司，清楚顯示零售業如何改變社會。企圖對抗這股趨勢的企業，可能發現自己漸漸被邊緣化，而且門市日益冷清。

其他業者則尋求差異化，施行全新的業務模

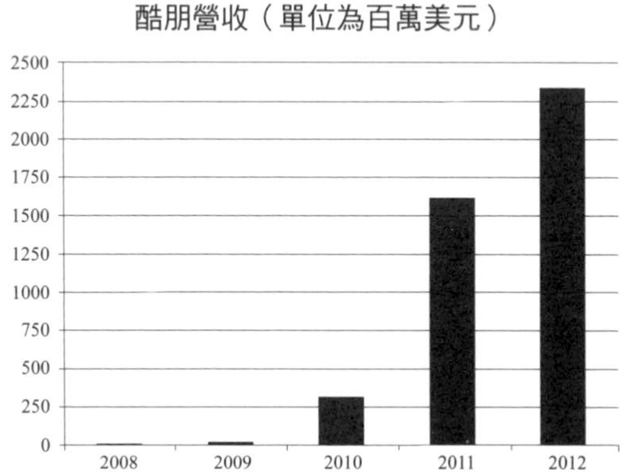

圖 3・1　酷朋 2008 年至 2012 年營收

資料來源：酷朋 2012 年年度財報[6]

式。引領這波新攻勢的是電子折價券巨擘酷朋。二〇〇九年推出、並建立利用團購力量新模式的酷朋，成為史上最快達到營收十億美元的公司，花不到三年的時間就達成目標（圖3・1）[7]。很顯然，酷朋賺的錢越多，零售商和傳統折扣零售通路能得到的錢就越少。因此，酷朋的表現越好，從傳統零售業者的營收大餅咬下的分量就越大。

零售業即將面臨的獲利殺手：從酷朋到U-Deals

儘管酷朋的股價表現算不上亮眼，卻很難說它的業務模式不成功；酷朋的業務模式是由酷朋找出願意提供高額折扣給買家的賣方，買家集合對產品或服務的需求，組成套裝式交易。零售業者每次贊助交易時，就得放棄部分獲利（有時候是極大比例的利潤），以銷售給更多的顧客。零售業者收到的總利潤金額變得更大，但每一筆交易的獲利卻大為縮減，再加上酷朋收取的手續費，零售商發現獲利能力反而流失了。

酷朋的缺點就是業務模式無法創造價值，而是將價值從零售業者端轉到顧客端，而且在過程中拿走自己應得的一份。酷朋可能會說，透過他們安排的這些交易，零售業者得到的顧客比沒有團體折扣時更多，可以擴大整體市場。這種說法或許有幾分道理，但並沒有改變酷朋透過交易手續費創造幾十億美元營收的事實。這些營收原本可能屬於使用酷朋的零售商。

因此，酷朋的模式可說加速了零售業在當今市場的死亡。

由於酷朋的商業模式成功，其他業者幾乎不可避免地會發展出更多變化。其中最新、也可能最成功的一種變化，就是由新創公司 Loopt 創立的 U-Deals。U-Deals 採用的模式和酷朋相反，他們不是由零售商建立套裝交易賣給團購顧客，而是由 U-Deals 召集有共同需要的顧客群，匯集他們的需求，之後再向鎖定的賣家提出交易，看對方是接受還是拒絕。U-Deals 要有明確地點，因為團客必須挑選他們想要提出交易的零售商。

我相信這種半反向拍賣（semireverse auction）的模式，將跟酷朋一樣成功。原因很簡單，因為這種模式讓各方皆大歡喜，而且自然結合社群化與情境化，這些我們稍後會討論。就像酷朋，零售商每筆交易放棄一定程度的獲利能力，以便賣給團客，賺取更多總獲利金額。顧客滿意是因為能以更好的條件得到他們想要的產品或服務，而 Loopt 滿意是因為能從交易中賺取利潤，還獲得大量有效顧客數據可供分析。

像 U-Deals 這樣聰明的模式，還是可能很快就被真正由顧客驅動的反向拍賣模式超越，也就是團客將他們的需求湊在一起，集體向全球市場提出要求。不同於鎖定特定賣家，這種模式開放任何賣家投標，導致競爭更大，可能也為參與的顧客省下更多。當然，這種模式將進一步加劇零售業的衰退，因為獲利持續被越來越有見識、也越來越有影響力的顧客群侵蝕了。

零售業者無路可退的求生選擇

什麼原因刺激零售業者參與這些市場？為什麼有賣家願意犧牲獲利能力，參加酷朋、U-Deals或其他集客業者？答案是先驅者犧牲了沒有進入市場的競爭對手而獲利。如前所述，在酷朋提供交易的業者，單客利潤較少，但是報名參與交易的顧客數量越多，賣家能賺取的總獲利金額就越多。參加的賣家透過大量折扣滿足更大比例的總市場需求，而他們多吸納的顧客，就不會轉向競爭對手滿足需求。

因此，參與這些市場有強烈的先驅者誘因，尤其是地區性市場。舉例來說，如果你所在的城鎮有五家披薩店，而你是唯一提供類似酷朋交易的一家，可能會比沒有提供這些交易時吸引更多顧客。由於你和四家競爭對手服務的是相對有限的市場，當你爭取到越多顧客，留給競爭對手的顧客就越少。即使提供折扣，你每賣出一片披薩仍然可以獲利，那就比另外四家競爭對手賺更多、也更成功。根據折扣活動，你確實更有機會將一家或更多家競爭對手逼到關門。

所以說，業者參與這種市場的主要動機很簡單：求生存。對所有業者來說，參與就必須將系統整合到這些線上市場。這種系統可以找出由顧客創造、和賣家相關的交易，以及賣家回應後仍可獲利的每筆交易。這需要一定程度的內部透明化，而這對許多公司可能是重大挑戰。有多少零售業者可以判斷每一筆交易完整週期的利潤率？有多少零售業者可以做出這種預測性分析，並事先判斷一筆交易是否合理？而且因為這些市場大多是以反向拍賣模式運作，有多少零售業者能夠判斷他們即時追蹤的每一筆交易，應該在什麼樣的價格點停止投標？

到了二〇二〇年，或許這些市場就算沒有拿下買家絕大多數的購買項目，也能占據相當大的比例。顧客得到的價值太令人嘆為觀止，而且有充分的零售業者參與，讓消費者覺得這種購買經驗很有價值。這些市場又是另一個需要企業管理的巨量數據來源。現在，零售業者必須找出相關的拍賣參與，判斷自己的價格限制，決定可不可以、應不應該贏得特定拍賣，而且標到拍賣之後還要保證能夠履行。此外，每一次交易都會產生大量的顧客數據，而這些數據對企業建立一個以現實為基礎的營運模式，具有無法衡量的價值（見第十六章）。

總而言之，電子商務擴展至今，已經不只是擴增現有市場的占有率，而是以網路占有率取代現有的傳統市場占有率。電子商務的主要創新者如亞馬遜，透過他們的創新帶動購買體驗，因此也提高所有企業在未來十年維持競爭力的障礙。能夠緊追在後、甚至後來居上的，將能在自己的市場上取得重大成長，並因此提升獲利能力。這些成果是犧牲那些未能跟上電子商務最新發展的公司，以及選擇眼睜睜看著業務以不斷加快的速度衰退的公司。

跟上電子商務創新者，意味著至少要遵照跟他們一樣的規則，意思就是要蒐集大量的顧客數據，分析並採取行動。而且，光分析是不夠的，企業還必須體認到，顧客越來越精明、越來越有科技能力，而且喜好無常。因此，企業最起碼必須重新調整，時時都能根據顧客的需求即時反應，滿足顧客的需求。如果真的希望跟上腳步，你必須能夠預測顧客的需求，並趕在其他人之前滿足需求。

這一切都代表著許許多多的數據。有數據是不夠的，還必須加以應用。我們將在接下來的章節探索這件事的急迫性，不過很肯定的是：如果你認為自己的公司現在擁有大量的資訊，但你今天的數據量可能不到二〇二〇年時每天固定使用的〇・一%。

● 你的競爭者不再是同業，而是整個線上世界！

一、二〇一三年以後，數位商務成為主流，線上交易金額達一・三兆美元[8]。

二、由於顧客花在線上的時間比例不斷增加，專注於數位商務的公司將發現，自己相較於傳統企業的結構性優勢持續增加。

三、在線上世界中，你的競爭對手不限於提供相同產品或服務的公司。在線上世界，你是和那些提供最佳顧客體驗的公司較量，爭取消費者的注意。所以說，你是和類似亞馬遜、eBay、Target，以及酷朋等公司競爭，而且可能遠遠落後。根據這些指標設定自己在線上的地位期望，並努力迎頭趕上。

4. 線上娛樂
——百萬種頻道+十億個演員的共同參與

從石板記事到古騰堡印刷機，從收音機到電視機，人類創造的每一種新傳播工具，都為社會及文化帶來劇烈變動、改朝換代、改變前景與文化規範，並將權力從人類的某個群體轉移到另一個群體。有意思的是，每一次出現重大轉變的週期越來越短，對社會的影響，無論是採行的腳步和改變全球文化的速度都在提高。

隨著網路的使用，數位傳播和數位娛樂急速橫掃全球，劇烈改變全世界人口溝通和娛樂的方式。隨著大家花在線上的時間越來越多，注意力的轉變也造成歷史悠久的媒體通路出現劇變，如印刷出版、音樂、電視及電影。儘管這些傳統通路在數位時代有些依然存在，有的甚至蓬勃發展，但大多數都將漸漸變得無足輕重。贏家和輸家之間的差別可能歸結到，媒體及娛樂業的業者能否聚焦在「傳達的訊息」，而不是著重在「傳達的媒介」，而且都能和視聽大眾維持交流，無論消費者選擇如何和這個世界互動。

YouTube：娛樂產業的巨無霸

二〇〇五年YouTube剛問世時，原本是要滿足在網路上分享個人影片的需求。在推出時，除了該公司的創辦人，很少人相信YouTube能夠獲利。許多網路分析師認為，YouTube永遠無法透過廣告收入支應儲存所有影片檔案的支出，這種業務案例對大多數的人來說並不合理。可是YouTube卻很快就被Google買下，搭配這家網路最大搜尋公司的知識，立刻擴大服務的規模與範疇。

將時間快轉七年，YouTube成為最大的網路影片儲存倉庫，也是最常造訪網站的第三名[1]。二〇一一年，YouTube存取次數達一兆次[2]，影片觀賞總時數達三百五十億小時[3]。到了二〇一三年，如果一星期沒有至少上YouTube一次，就屬於快速減少的少數族群了。在YouTube上，訪客可以看到由專業人士創作、極為精美的影片，也有完全外行的人製作的簡陋影片。嚴格說來，使用者每在YouTube花費一個小時，就是有一個小時不做別的事情，例如和家人共享天倫、工作、看電視、聽收音機或是看報紙。

統計數字顯示，其他媒體形式陷入嚴重困境。舉例來說，《美國偶像》（*American Idol*）的二〇一二年決賽，是當時電視網最受歡迎的節目之一，備受矚目的決賽那集吸引了兩千三百萬人觀賞[4]，成為近代史上最多人觀賞的電視節目之一。另一方面，YouTube 一個簡單的系列動畫《柳丁擱來亂》（*Annoying Orange*），每個月吸引超過五千萬次點閱[5]。因此，YouTube 一個沒有廣告、沒有贊助的自製影片系列，每月博得的觀眾數能達到電視網最受歡迎節目的兩倍。《柳丁擱來亂》備受矚目又廣受歡迎，因此被傳統電視卡通頻道（Cartoon Network）挑中，成為固定的節目。

藝人從傳統通路轉移到線上通路，是三股不同市場力量的自然結果。第一是有將近五十億人口能上網。第二，大量有才華的人，或許有幾百萬人，都有點什麼想對這五十億人表達。於是就產生了第三點：將內容放到網路上幾乎完全不需要初始成本。到了二〇一三年，全球有超過五億支智慧型手機[6]，大多可以拍攝相當高畫質的影片。

現在如果有人有話想對全世界的人說，只需要用智慧型手機拍一部短片，再將影片上傳到 YouTube。有線電視和衛星電視業者喜歡吹噓自己提供幾千個頻道的節目，但是和現在網上能看到的幾十億小時素材一比，根本相形失色。當然，這些素材很多都是粗劣的無聊之作，但還是有大把大把的人完全沉迷在這些影片當中。遺憾的是，這直接反映娛樂市場的需求，而且向來就有一部分的人喜歡低級的「廁所幽默」（toilet humour）。不過，隨著越來越多人把更多時間花在 YouTube 上，也漸漸有吸引高品質內容的市場力量。這種轉變已經出現，特別是由企業廣告客戶贊助的影片。

其他形式的傳統媒體正經歷嚴重衰退。舉例來說，實體音樂媒體（CD、錄音帶等）的銷售額從一九九九年起，每年衰退超過八％[7]。在此同時，數位錄音的銷售卻以每年七％的速度成長[8]。因此，儘管音樂的總銷售額維持平穩，實體唱片的銷售卻急速下跌。我們就快接近音樂零售的末路了，而且可能也是傳統音樂經銷和唱片品牌的末路。CD可能很快就被淘汰，步上卡帶、唱片以及八軌道磁帶的後塵。

在某些方面來看，這對消費者是好事——再也沒有CD、卡帶或唱片占據櫥櫃的空間。但誰從來沒有遺失或放錯電腦裡的數位檔案？你要怎樣保存美國成年人目前平均擁有的二．七個數位裝置上，所有的音樂、電影、影片和照片[9]？正如音樂產業和電影產業力抗轉移到以雲端為主的娛樂方案，iTunes、Rhapsody、Amazon Prime及Netflix等平台，卻也搶下娛樂產業可觀的市場占有率。傳統媒體公司的市場力量正輸給這些虛擬銷售通路，而且可能無法阻止顧客轉移到虛擬平台尋求各式各樣的娛樂。

幾乎所有其他傳統媒體通路也都急劇衰退。舉例來說，報紙一度是極為成功、極為賺錢的事業，過去五年的廣告營收卻掉了超過五〇％[10]。整體而言，傳統媒體發現，觀眾的時間和注意力，有越來越大比例依賴數位媒體，而廣告收入自然要仰賴消費者的眼球。

魔獸世界的金幣商機

線上娛樂成為主流的另外一個例子就是遊戲。雖然遊戲玩家向來被嘲笑是沒有社交生活的電腦怪客，卻有越來越多人註冊或登入遊戲，如《魔獸世界》（*World of Warcraft*）、《戰車世界》（*World of Tanks*）、《*Fly Aces High*》，以及《模擬城市》（*SimCity*）等線上遊戲。這些遊戲同時為數以千計的使用者，提供虛擬實境的體驗。玩家可以用別的身分過著不同的生活，享受平常可能得不到的線上體驗。確實有些人覺得這些服務提供的體驗太過強大而沉迷上癮，有許多報導提到，遊戲玩家太過沉迷於虛擬生活，以至於真實生活開始陷入困境，結果可能是離婚、失業、破產，以及其他人生危機。

二〇一〇年在南韓發生過這種現象的極端例子。一個嬰兒的父母親太沉迷在線上遊戲養育虛擬嬰兒，卻讓真實世界中的孩子活活餓死。後來他們被控過失殺人，判處五年有期徒刑。

由於線上遊戲實在太受歡迎，二〇一〇年創下的一百六十億美元廣告營收，預料到了二〇一六年將成長到約三百億美元，等於六年幾乎翻一倍[11]。更進一步來看，二〇一〇年全球電影票房為三百一十八億美元[12]。照這個速度，線上遊戲到了二〇一六年左右，應該是比好萊塢（以及寶萊塢）更大的產業。

線上遊戲乍然爆紅的結果，就是創造出新的市場和新的商機。舉例來說，《魔獸世界》

的玩家在虛擬景觀中搜尋並執行虛擬任務，蒐集虛擬貨幣——金幣。金幣在遊戲裡面可以用來購買虛擬武器、裝備、食物，以及其他物品，就像真實世界中的真實貨幣。一般來說，要玩上一段時間才能累積足夠的金幣，購買有用的東西。而且就像真實世界一樣，魔獸世界真正值得購買的好東西，花費的金幣尤其貴。

因此，這時就有幾百萬人花了大量的時間玩遊戲，以便取得他們想要擁有的好東西。這聽來像是個商機吧？對北韓、中國和印度的許多創業者確實如此，他們創業，付錢給員工每天花上好幾個小時玩這些遊戲；而這些人玩遊戲，累積越來越多的虛擬金幣，再拿到現實世界賣給其他玩家。這些公司因此形成了一種外包玩遊戲的產業，而其他人可以在現實世界的市場，例如 eBay，購買虛擬金幣。

這個產業又稱為「練功」（gold farming），這不是在開玩笑。二〇一一年，這產業估計有四十億美元的產值[13]，在中國及北韓等國家雇用了將近一百萬人。令人側目的並不是這個行業的存在，而是遊戲玩家對玩遊戲的態度如此認真，竟然真的花四十億美元購買虛擬世界的東西。

從這些例子可以看到，數位娛樂從一九九〇年代以來已經有驚人的成長，使得傳統娛樂通路受到重創。我們有各種理由預期這股趨勢將持續下去，因為有越來越多人每一天、每一刻都連上網路。數位媒體的行動消費，例如影片，每年都以超過七〇％的速度成長，而且還在加快[14]。因此會有越來越多廣告經費流入數位通路，而傳統媒體則將看到自己的業務出現驚人的衰退。

觀眾即演員的時代，要創造顧客參與的最有效機制

從YouTube的爆炸性成長可以看出一個明顯的重點，就是消費者希望在娛樂時能扮演更主動的角色。YouTube的內容確實有很大比例是用戶創造，代表幾百萬人在尋求自己成名的那十五分鐘。這些內容的產出全都證明，消費者期待燃燒大量的創意能量，也願意投資大量的時間與精力引人注意。

正如第一章提到的，新發表的智慧型眼鏡，幾乎篤定會讓YouTube更受數據消費者歡迎，也會變成更大的資訊儲藏庫。智慧型眼鏡讓人方便記錄生活的每個層面並發表，無論是多麼不登大雅之堂的活動。而且所有使用YouTube的證據都顯示，人人都會這樣做：持續不斷地發表每天日常生活的點點滴滴。

記錄這些所帶來的數據量，令人難以想像。如果Google眼鏡還算成功，我們可以很有把握地猜測，到了二〇二〇年將賣出一億副眼鏡。如果每個使用者每天只記錄一個小時的高畫質影片，每年總計會產出約兩百EB（exabyte，艾位元組）的數據——這還是只計算

Google 眼鏡。這個數量是一 ZB 的五分之一，從前言中，你應該還記得那是很大的數據。因此在這個平台上的一項活動，光是保守使用，就能為全球資訊流量增加二〇%以上。

這個可能性明顯是保守估計這些工具將產生的數據量，而由智慧型手機帶動的時時連線、時時上線的特色，將隨著智慧型眼鏡廣泛使用，到達數據生成的新高原。

智慧型眼鏡令用戶驚嘆，是因為讓每個人都成了自己戲中的演員。智慧型眼鏡激起我們的自我意識和需求，覺得自己要說的是真正有趣的東西。YouTube 因為讓人有十五分鐘的成名機會而覺得特別。在智慧型眼鏡的年代，每個人都希望每天的每一分鐘都感覺特別。濫用這種功能的機率非常驚人。同樣地，企業若能找出如何透過智慧型眼鏡體驗和顧客連結，將能從與這些演員的互動中獲取豐厚的回報。

毫無疑問，線上娛樂的這些變化都促使了用戶可支配的資訊量急劇增加。對娛樂業者來說，這代表他們必須創造更大量高價值的內容並免費發送，才能持續貼近觀眾。這些公司必須變成全通路（omnichannel）發行業者，透過傳統頻道以及像 YouTube 的線上頻道推出內容。他們必須在臉書和推特建立顧客參與並加以維繫，需要發表行動應用程式，豐富顧客的娛樂體驗，還必須找出其他方法，讓觀眾真正參與娛樂體驗，而不是被動接受。

這對這些公司來說是重大改變，而且所費不貲。許多公司斥資幾千萬或幾億美元籌備新的設備，就只是為了儲存和維護大量的數位內容典藏。出現全通路存在的需求之際，正值傳統營收來源漸漸衰退，令這些娛樂巨擘陷入困境。

消費者娛樂的這些變化，確實影響了所有公司，因為這些變化促使終端用戶社群產生新的期待。就算你的產品或服務可能無法在娛樂業一較高下，還是可以爭奪顧客的注意力。凡是在任何產業最能有效創造顧客參與的機制，必定迅速成為所有企圖向消費者有效行銷的產業仿效的最低標準。因此，企業一定要擴大競爭的視野：競爭不光是與同行的其他公司，因為所有企業都在努力對抗的局限，就是顧客有限的專注時間。

● 互動機制不再令人新奇，而是標準配備

一、線上娛樂通路如YouTube及線上遊戲網站，占據消費者閒暇時間的比例不斷增加。

二、傳統媒體通路急速衰退，而且僅存的觀眾越來越喜好無常、沒有耐性，作為目標市場的重要性越來越低。

三、隨著行動性和社群媒體持續成長，行銷人員得以用客製化的行銷訊息鎖定個別消費者，大眾市場廣告將更沒有效果、更不重要，這會進一步傷害傳統媒體通路的營收來源。

四、線上通路如YouTube，讓觀眾實際參與媒體體驗。顧客漸漸會期待娛樂體驗中有這種互動性，即使這樣的參與交流對參與者來說開始變得商業化。

五、觀眾互動性將從新奇感轉變為既有的期待，演變成資訊消費與資訊創造的新模式。這些媒體通路主要在兩個方向刺激數據成長：第一，實際產生內容，這一點漸漸都是以高畫質影片的形式呈現。第二點是分析這些數據的消費情況，並再次對終端用戶的行為、偏好，以及人脈產生深刻洞察，最終目標就是透過精準行銷，將資訊貨幣化。

5. 雲端運算

更高彈性與更低門檻的雲端外包

似乎很少有哪天沒聽到主流媒體和廣告提到雲端。你可能使用雲端服務，例如 iCloud、Dropbox 以及 Carbonite，每天互動的企業幾乎多少也會用到雲端科技。到了今天，雲端運算可能是全球企業環境中炒作最厲害的創新。這也是目前全球市場正在經歷，服務與基礎設施極端商品化的例子（商品化即是貨品或服務幾乎完全缺乏差異）。不過，資訊處理並非唯一發生這種現象的領域。

產業價值鏈的所有層面都經歷重新再造，因此，利用外包服務與基礎設施的企業，勢必會變得更有效率，也能更快速回應變化多端的顧客需求。他們為成長機會所做的投資也更有效率、更成功，因為可將資金集中在能夠提供差異化的業務。正如第三章提到的，企業不得不專注在效率最大化，要不就是將顧客的感知價值最大化。發生在所有產業的商品化，就是對這股趨勢的直接反應。

朝商品化趨勢發展的例子不勝枚舉，從基礎設施，如運算和網路，到一般業務流程，如人力資源、會計、顧客關係管理和物流。其實，大多數業務流程的趨勢是兩極化。如果某個業務流程不能帶來差異，那就應該外包，往最低成本以及最大效率或最大彈性設計。這種趨勢已經產生數兆美元的外包行業，每年繼續以兩位數的比例成長。

有意思的是，這股趨勢高度仰賴資訊科技的成熟度，尤其是網路。若是能做到立即取得業務流程數據，企業就能將流程外包，且維持一定的掌握度。當然，這種監督非常重要，因為企業高階主管依舊要為已經外包的業務流程負責。

企業湧向雲端的兩大理由

在某些方面，雲端運算業務一開始差不多是計畫之外的發展。大規模使用運算能力的用戶體認到，購買和建立運算能力可以達到驚人的規模經濟。這個市場的主要參與者有亞馬遜、Google，以及微軟，這些公司歷來都購買非常大量的運算能量執行核心業務。不必是財務天才也看得出，這些公司的購買力得以建立超額的運算能力，還能轉賣給其他可能有需要的公司。

就像那些有這類創新的常見案例，這些大公司並沒有將雲端運算當成業務投資，但在消費者的眼中肯定認為如此。這些公司利用他們的購買力（這三家公司每年共買下全世界二○%的伺服器產出）[1]，以及對先進運算的重視（Google和亞馬遜尤其是大數據分析的高階用戶），讓他們得以用極為儉省的成本建立雲端服務，滿足具有挑戰性的顧客需求。

企業採用雲端運算背後有兩個主要驅動力量。第一，雲端運算大幅改善資訊科技資源利用，因而大幅減少營運成本。英國曼徹斯特大學（Manchester University）二○一三年做的分析評估，擁抱雲端運算的企業，資訊科技成本平均減少二六%[2]。由於資訊成長不斷在加快，也將繼續增加資訊科技的需求，因此像這樣降低營運成本的重要性，實在不容忽視。

採用雲端運算的第二個驅動力量，是大多數雲端方案提供很大的營運彈性。如果你的企業突然需要更多運算能力，只需要向雲端供應業者簽約加購。大型業者提供的雲端服務，如亞馬遜和微軟，完全是由龐大的基礎設施支援，因此，他們有大量多餘的能力可滿足需求。而他們的雲端方案顧客就能多訂購幾百、甚至幾千個伺服器的運算能力，不用擔心供應業者是否有能力滿足額外的需求。

對許多顧客來說，雲端服務一個意想不到的有趣副作用，就是使用雲端確實能提升數據的安全性和可利用性。到了二○一○年，經驗豐富的資訊安全專家已經遠遠供不應求。大部分公司都有這樣的員工，但可能不是勞動市場上受過最多訓練或最有資格的人。對雲端服務業者來說，安全性攸關業務能否成功，所以願意在最優秀的安全人才、流程和技術上大舉投資。因此，大部分雲端業者的資訊安全基礎設施，甚至遠比最大型的企業更有效。如果成為這種服務業者的顧客，就能使用這些安全投資，額外的好處就是有一整個團隊的人，唯一職責只為了確保你的數據安全無虞。

因此，不管你是以大宗商品為主的企業尋求成本效益，還是以價值為主的企業尋求最大彈性，雲端運算都能為你的核心營運模式提供重要支援，同時加強業務資訊的安全。這是導致雲端運算廣為採納的原因，而曼徹斯特大學的那份研究也發現，接受調查的美國企業有六二％，業務營運已經採用雲端運算[3]。

─改變創業模式與業務彈性的雲端解決方案─

雲端發展一個有趣的意外結果，就是餵養一整個新世代的新創公司。一個世代前，網路新創公司必須籌措好幾輪的初期創業基金，為他們的業務模式取得資金。他們用這筆創業基金購買運算容量、連線，以及數據容量啟動業務。有了幾百萬美元，一家新創公司才能初步啟動業務，試探在市場上能否成功。

到了今日的雲端業者，這種模式已經完全過時。現在如果一家新創公司有新的線上業務構想，第一件事就是向雲端業者購買少量的容量。接著創業主推出業務經營一陣子，看看能否成功並獲利。要達到這種業務成熟度所需的資本是以幾千美元計，而不用幾百萬美元。因此，不同於十年或二十年前，現在的創投業者在新創公司證明自己的模式可行之前，極度不願提供資助。正是雲端運算推動了這種投資方法。

有意思的是，雲端運算對小型企業十分有效率，因此，很多公司不需要取得額外的發展資金。另一方面，他們取得的資金可以用在行銷或創造需求，而不是放在基礎設施。由於雲端運算通常是隨收隨付，用多少付多少，新公司就能輕鬆隨著收入成長的速度擴大。

雲端解決方案另外一個優點就是，服務的擴大或擴充幾乎可以在瞬間發生。如果需要更多運算能力或更多儲存空間，只要點擊幾個頁面，馬上就能提供需要的容量給你使用。聰明的公司利用這種隨選應變容量，應付在推出新產品或服務、發表新促銷，或季節性需求變化可能發生的業務量變動。因此，雲端服務提供極大的彈性，通常還有價格優勢。

這種彈性不但支援結構性成長，還有助於處理業務的季節性變化。許多公司，尤其是零售業，發現業務量在秋末冬初的假日期間大增。確實有很多傳統零售業者就指望假日期間增加業績，賺到一整年的獲利。這些增加的業務量，必然也增加業務系統的運算容量需求。有了雲端運算，這些公司可以在需求飆高的期間訂購更多運算容量，等過了需求高峰，再將訂購的雲端服務調回原狀。這個例子顯示，即便是以大宗商品為主的產業，也能利用雲端運算的彈性改善效率。

一切皆服務（EaaS）：雲端模式如何消弭市場障礙

過去這十年，雲端基礎設施服務已經發展為商業界一股強大的力量。另一方面，業務流程外包在市場上也變得更為普遍，因為全球化以及流程標準化，企業越來越容易將共同的業務流程，外包給專精於以高效率執行這些流程的第三方。

由於外包在商業界的盛行，自然有越來越多業務流程和功能追求雲端模式。不光是提供運算能力和資訊儲存的「基礎設施即服務」（Infrastructure as a Service，IaaS），越來越多公司提供「平台即服務」（Platform as a Service，PaaS），亦即所有的業務系統，如企業資源規劃、供應鏈管理，或企業內容管理（Enterprise Content Management，ECM），都能透過統包（turnkey）或線上解決方案取得。目前有這類解決方案的公司如Workday、Salesforce.com，以及Saperion。另外，甚至微軟也樂於接受這種改變，以「軟體即服務」（Software as a Service，SaaS）的模式，提供完整的Office套裝軟體工具。這種演變發展清楚指出，營運業務由第三方供應者完成的比例將越來越大。

繼PaaS和SaaS之後出現的，我稱之為「成果即服務」（Outcomes as a Service，OaaS），意思是一家企業可訂購專為生產可預料之業務成果的外包服務。如果一家公司想要雇用新員工，OaaS 服務以提供一個合格的新員工為成果；如果一家公司想要在新的市場取得新的顧客，找出這些新顧客就是 OaaS 服務的成果。

OaaS 接下來十年，將因為幾個不同市場動力的碰撞而成長。第一就是可即時取得格式標準化的業務數據。因為善用 OaaS 供應者的公司，一定有健全的資訊基礎架構。這家公司一定對內部業務流程有清楚的認識，才能和 OaaS 供應業者使用的流程及數據整合。這是大多數公司過去三、四十年來持續追求的目標。一直到最近，大多數的企業正達到可將關鍵業務流程外包，同時透過自己創造與操控的數據，維持一定程度的控制。

流入雲端執行模式的業務流程與服務將持續擴大，並在業務價值鏈中往上攀升。儘管傳統上簡單的業務流程，如招聘、員工薪資和出貨等，都已經商品化並外包多年，更進階的業務服務現在則在簡化、整合，並整理成可以外包。

不久前，我注意到好幾項新服務在電視上打廣告，包括法律服務 LegalZoom、會計服務 1800Accountant 等。雖然這些 OaaS 供應者一開始鎖定的是中小企業市場，但是這些業務服務不可避免地會繼續商品化，之後會在更大的企業以類似雲端的模式執行。大型企業可以為 OaaS 供應商帶來更多業務和更多收入，而這些大型企業同樣也會一直設法改善盈虧。

隨著越來越多業務流程透過 OaaS 轉移的浪潮而標準化，將開始發展出一股新趨勢，也就是「一切皆服務」（Everything as a Service，EaaS）。在 EaaS 的環境中，企業可以仔細觀察每一個必須執行的業務流程，也能夠判斷每個流程的哪些步驟可為公司的產品或服務增加價值和做出差異，哪些又不行。速度、效率和成本效益，都迫使非加值流程盡可能都外包給 OaaS 業者。一些企業開始整合其他 OaaS 供應商，建立一站式業務流程外包時，EaaS 就開始發揮作用了。透過 EaaS 供應商，企業可以用幾個星期或幾天的時間，擬定經營計畫，並開始運作可立即支援業務、形式完整又健全的業務流程。

雲端運算目前正經歷市場狂熱炒作的週期，很快就會在各行各業成為標準業務模式。有關使用雲端運算的一些疑慮，將來也會繼續存在，包括資訊安全以及敏感資訊的保全控管。不過，隨著雲端服務供應商的產品成熟，以及市場繼續接受雲端運算為標準運作典範，這些疑慮將迎刃而解。而且正如本章一開始所說的，許多雲端供應商的資訊安全系統比財星五百大企業規模最大者，都更強大、更先進，也更警覺。

雲端運算提供的營運效率和彈性非常驚人，因此，這種資源利用的方法幾乎篤定會擴大到涵蓋企業營運的各個層面。因此在不久的將來，我們或許會發現幾乎各種業務成果，都能透過使用第三方的虛擬化資源而完成，而整個虛擬產業可能也幾乎完全不需要資本投資而興起。這對市場競爭以及大型企業推動效率或創新，可能有深遠的影響，因為進入市場的障礙消失在雲端了。

●從流程到成果都可以外包的世界

一、雲端運算為採用這種服務方式的企業，大幅改善營運效率和彈性。許多公司發現轉移到雲端後，運算成本減少三〇%以上。

二、雲端運算市場到了二〇一五年，預計將達一兆美元[4]。

三、將來會有越來越多服務虛擬化。雲端將發展到不光是基礎設施，還會開始轉移到企業價值鏈中更高的市場。這股趨勢將快速導向「一切皆服務」（EaaS）市場，也就是幾乎所有業務成果都可以向外部供應者購買。

四、成功的企業將是那些快速且全面接受這種EaaS業務做法的公司，藉此將營運成本最小化，並將業務彈性最大化。

五、現在，你可能至少有部分業務流程已經外包。到了將來，要考慮將流程分解成累進成果，再找出可以透過雲端服務的成果市場，提供這些累進成果的外包業者。

6. 數據分析

巨量資料讓你比顧客身邊的人更了解顧客

正如前面討論過的其他社群和產業趨勢，大數據是過去幾年大量炒作的領域。大部分的企業高階主管，這段時間都聽說過這個名詞，而且很多人好奇「大數據」究竟是什麼，心想「我的公司怎樣才能也有一些」。跟一般新企業概念的例子一樣，大數據圍繞著諸多謎團，被當成所有企業弊病的萬靈丹。其實大數據一點也不神祕，而且遠比許多產業權威所宣稱的更加實用。我們先快速探索大數據的世界，了解其基本概念以及對企業的潛在價值。

定義大數據：綜合結構化與非結構化資料產生的洞察

從根本來說，大數據不過是為非常大量的資訊套用統計分析。大數據還有更複雜的形式，即是利用先進的科技，判斷一組數據是否有某種「調性」或含有「情緒」，有的技術還會混合結構化的數據（如業務紀錄）和非結構化數據（如電子郵件），目標就是找出對用戶行為的精闢洞察。基本上，大數據就是應用數學、統計學及科學原理，來詮釋極大量的數據。

大量數據包含哪些？二〇一二年時，在美國每六十秒鐘就寄出超過兩億封電子郵件，推特會收到超過十萬條推文，YouTube則會收到超過四十八小時的新影片。二〇一三年以後，臉書每天蒐集到超過五百TB的用戶數據[1]，相當於超過五百個非常大的電腦硬碟。這些數據會不斷和臉書先前蒐集到的數據相互對照，到現在已經相當於有關個人偏好、意見與習慣的龐大資料庫。當這些數據由統計學家、心理學家、行銷人員以及科學家分析過後，臉書和它的顧客（其他公司）對你和你的偏好了解之深入，簡直到了駭人聽聞的程度！

大數據現在受到大量的媒體報導，可是我們對於大數據究竟由什麼組成卻缺乏共識。畢竟，企業不也是分析數據分析了幾十年？他們不也是探勘現有的數據，取得新的見解，了解如何改善營運、如何加強服務顧客、或如何減少瑕疵嗎？

回顧一九八〇年代時，我在奇異公司（General Electric）擔任實習工程師。那段八個月的實習期間，我大多花在分析其中一條電腦生產線的瑕疵數據，努力從中學習。因此，我相當確定數據分析不是什麼新鮮事。事實上，到現在還沒有探勘既有業務處理的數據，並從中累積心得的公司，大概早就破產倒閉了。所以，定義大數據的第一個部分，就是定義大數據「不是」什麼——大數據並不是分析企業結構化的業務處理數據，例如儲存在ERP、

CRM、SCM及其他傳統企業系統裡的數據。

那麼，大數據是指分析非結構化的協作系統（如電子郵件）、協作平台（如SharePoint）或企業社群平台如Jive嗎？答案仍然不是。非結構化數據通常不適合做統計分析；五萬筆企業電子郵件可能不帶有半點企業情報，但若能找到某封電子郵件或網路貼文並採取行動，可能對公司有幾百萬美元的價值。非結構化數據利用搜尋工具或社交過程，即稍後會討論的遊戲化，會比較容易探勘。

因此，我們剛界定了不屬於大數據的兩種意思，那大數據到底是什麼？將本章開頭提出的定義加以擴大，大數據其實包含兩樣東西。第一是聯合分析企業內的結構化數據和非結構化數據；第二是聯合分析內部數據來源及外部數據來源，包括結構化與非結構化，以找出新的見解。當然，這兩類分析都有「大」的成分，意思是，數據來源即使不是以PB（petabyte，拍位元組或千兆位元組）、甚至EB計算，也至少以TB計算。要先探索大數據的這兩種差異，才能解釋這個定義。

在我第一個大數據的定義中，是企業結合兩種形式相異的數據，分析結果取得新的看法。結構化與非結構化數據就像油和水，兩者不能相容，也不適合嚴格縝密的統計分析。舉例來說，你的財務系統可能有大批業務數據，顯示這些年來你賣了多少裝置給客戶甲；同樣地，你的企業電子郵件系統可能有幾千封郵件因為這個那個的原因，提到了客戶甲，因此，這就代表有關客戶甲的非結構化數據來源。大數據科學家會結合在相近的時間範圍內，結構化業務數據和所有提到客戶甲的電子郵件，看看客戶甲這幾年買的東西跟電子郵件的內容有無關聯性。

這種分析，基於一些理由而組成了「大數據」。

首先，數據組可能相當大。大企業的電子郵件儲存庫和業務處理資料庫以PB計的並不罕見，有幾百萬甚至幾十億筆紀錄要清查整理（例如沃爾瑪的銷售量）。

其次，這種分析屬於大數據的範圍，因為需要精密的分析工具，例如自然語言檢索或語意檢索，才能有效運作。這也是其他形式的大數據採用的方法和工具，不過只用在內部數據組。

最後，我將這種分析列為「大數據」，是因為大多數的公司以前從未探勘過內部結構化與非結構化數據的組合。因此，開始進行這種流程的公司，勢必會對自己的營運、顧客、員工，以及經營的市場有驚人的發現，而這些發現是無法輕易以其他方法取得的。所以，這種內部結構化與非結構化數據的聯合分析就代表了「大數據」，就算只因為它對企業能產生巨大的影響。

—疊合集體數據，挖掘以往錯過的情報—

鑽研第一類「大數據」分析的企業，就能有效利用第二類，也就是結合包括結構化和非結構化的內部數據來源，以及外部數據來源。外部來源可能是結構化的，也可能是非結構化，或者兩者皆有，端看提出的問題而定。再者，這些分析的關鍵價值有部分在於先前不曾做過；事實上，在過去四、五年之前，可能根本無法做到。

這些分析可以將大數據的「大」，帶到全新的龐大程度。想想臉書每天從用戶身上蒐集到的六百TB非結構化數據，乃至各州、各國家級政府部門或工商機構部門儲存的數PB結構化數據。鑽研這些來源，可以解開數不清的關鍵寶藏，洞察自己的業務。但基於這些數據來源的規模和範圍，最好學會大數據分析的規則，先集中在自己的內部數據上，而不是可取得的瀑布般外部來源。

這裡說個簡單的例子，或許會更清楚。假設你是一家汽水自動販賣機公司的老闆，在市內各地設置了兩百台自動販賣機。你有幾十個司機按照預訂的路線定期巡迴檢查，確定每一台販賣機都有汽水。久而久之，司機注意到哪些販賣機的存貨賣得多、哪些又賣得少，差異非常大。你有了這些庫存變化的多年數據，卻似乎怎樣都找不出合理的模式來解釋，為什麼一台販賣機的存貨可能好幾個星期都賣不完，之後卻在一、兩天內就迅速清空。

如果我們結合一些非傳統數據和公司隨手可得的數據，或許能開始找出一些有趣的趨勢，有助於了解數據顯示的需求變化。比方說，假如將銷售數據結合每一台販賣機當地的天氣狀況，或許會發現氣溫、濕度、降雨降雪，都對汽水銷售有影響。天氣熱又潮濕時，冷飲的銷售增加是理所當然，但我們的分析可以確認這個看法並加以量化。

此外，再假設我們的販賣機大多是在接近購物商場、學校、大眾運輸樞紐等公共場所。如果再將銷售數據加上這些地點特定活動的相關數據，或許又會發現一些強烈的關聯性。例如，我們可能會發現靠近中學的販賣機，在學校有足球比賽的週末，很快就會賣光。或者當地的購物中心舉辦大型促銷活動時，例如音樂節，購物中心的販賣機存貨同樣很快就會賣完。

藉由結合傳統數據組和非傳統數據組，可以開始挖掘出隱藏在集體數據組底下的結果，那是單獨觀察時並不明顯的現象。這些非傳統數據組通常非常大，因此有「大數據」這個名詞，而且通常能捕捉到傳統數據蒐集欠缺的相關外部因素。這正是大數據分析的價值。大數據分析擴大了我們可用的數據量和多樣性，這樣我們的分析就可以找出以前錯過的新情報。

數據分析師：數據時代的搖滾巨星

一九九〇年代末期，第一波網路榮景期間，電腦程式設計師極為短缺。當時了解如Java等最新軟體語言的人不算多，而每家公司都需要有這些技能的人才，在網路建立一席之地。因此，程式設計師可以在勞動市場上自由開價。大多數的人在同一時間有四、五個工作機會可選擇，而且大多都有前所未聞的額外福利，例如租賃ＢＭＷ、工作時養寵物，以及免費午餐。當時，我們稱這些人是Java 搖滾巨星，因為他們真的可以向熱切的雇主開口要求，滿足他們所有需求。

我們可以說，這些人在後來的二〇〇〇年網路泡沫有段時間難以面對，當時所有額外福利、股票選擇權以及收入都迅速消失。突然間，當個程式設計師不再保證有穩定的六位數薪水。這個趨勢持續到最近這十年，因為軟體進步且變得更容易使用，而且有越來越多技術工作外包給海外開發商。對程式設計師來說，破滅週期延續的時間遠比先前的榮景週期長。

我們正進入另一個技術組的榮景週期開端，這個週期需要的是了解並能釐清大量數據的人。統計學和機率是新的搶手語言，因為有越來越多公司試圖將堆積如山的數據投入使用。

這個數據革命有一個結果是可以確定的：精通數據的人才需求，在未來十年將急速成長。麥肯錫（McKinsey）顧問公司在二〇一一年五月發表的大數據研究中預測，到了二〇一五年，這類技能的人才短缺至少有一百五十萬人[2]。因此，具備這些技能的人才在技能需求最大時，會有嚴重短缺的情況。這些人在可預見的未來，可為自己的技能要求可觀的高價。趁現在你的公司還有能力，趕緊多雇用幾位吧！

─Target百貨如何比顧客身邊的人更了解顧客？─

要了解大數據分析的威力，只要看看零售業巨擘就好，例如Target。儘管其他零售業者苦苦掙扎，在目前的競爭風潮下勉強求生，Target卻每季都能繳出堪稱耀眼的成長數字。儘管二〇〇〇年後的第一個十年末期，必須熬過大衰退，但該公司的營收卻從二〇〇二年的四百四十億美元，成長到二〇一二年的將近七百億美元[3]。Target的成長有部分歸因於更加以顧客為重心，也更了解顧客的需求。這就是指實施數據分析，以便更能滿足顧客的目標需求。

Target使用數據分析最著名的例子，就是有個少女開始從Target郵件收到折價券的故事。折價券包含尿布、嬰兒服以及嬰兒座椅，通常是懷孕的媽媽有興趣購買的東西。少女的父親發現郵件，對Target企圖鼓勵自家女兒懷孕火冒三丈。他跑到當地Target門市向店經理投訴，對方拚命替公司道歉。然而，隨著後來繼續追蹤這個父親的情況，經理卻被告知那位少女確實懷孕了，只是一直瞞著她的父親。他竟然是先從 Target 這裡發現的！

問題來了：Target 是怎麼知道少女懷孕了？透過顧客分析，Target 判斷，如果有個顧客買的東西是由大約某二十種產品中所做的組合，極有可能是懷孕了。這些產品有的很明顯，例如晨吐藥丸；有些則沒那麼明顯，例如無香味乳液、粉藍或粉紅毯子，或是綜合維他命。當這些東西湊在一起購買，Target 便能以驚人的準確度判斷顧客是否懷孕。而該公司之後就能寄給顧客精準行銷的訊息、折價券和其他優惠，以便爭取生意。這個例子特別重要，因為即將生產的父母通常有一大堆東西要買，有強烈的動機把錢花在他們認為需要的東西上。

這個例子顯示，透過全面性的數據分析，企業可以對驅動顧客行為的因素形成更新的認識。這些資訊又能用來改變對顧客銷售的物品和方法，可能推升從鎖定的顧客身上賺取的營收和獲利。類似這樣的量化分析，現在很容易做到，全球最成功的企業中，很多都將這類分析列為業務差異化的核心要素。

比顧客提早知道下一步需要什麼

一、在二〇一〇年代期間，數據分析將是區分企業成為贏家或輸家的關鍵因素。企業若能利用數據發展出對顧客的深刻洞察，將迅速奠定競爭者無法超越的領先地位。

二、市場領導者如亞馬遜、Google和eBay，都為個人化線上體驗設下顧客期待的門檻。任何想要保持貼近顧客的公司，都必須向這些市場領導者學習，並盡力跟上最新進展，創造以顧客為中心的個人化線上體驗。

三、商業界各級人士近期內都必須了解數據。數據分析將驅動幾乎所有企業決策，特別是數據的數量、速度以及多樣性都持續在增長。

II. 企業即將迎來的六大衝擊

第一部的資訊對你來說可能大多不是新聞了，但重要的是先討論為何企業會面對如此排山倒海的數據巨浪，再探索這種巨浪對企業環境帶來什麼改變。第二部將檢視數據巨浪帶來的部分影響，以及整個社會產生大量數據的趨勢。

在檢視這些趨勢，或者各種「XX化」的同時，大概會發現本世紀至今經歷的數據成長或許令人咋舌，但我們仍只抓到了數據成長的皮毛。我們討論的每個趨勢，都會自然導致數據以自我增強、自我應驗的方式加速成長。如果討論中有我希望解釋清楚的訊息，那就是：如果未來幾年想保持與顧客息息相關，非做不可的就是擁抱這些趨勢，並調整企業策略，配合這些趨勢引領我們進入的新世界。

7.情境化
從每個人的市場，變成每個情境需求的市場

情境化（contextification）這個趨勢係指，別人根據我們在這世上的位置與我們應對。這裡的情境是愛因斯坦（Albert Einstein）的時空連續體（space-time continuum）中，人的「空間」和「時間」。我提起這個是為了說明，一個人的時空位置決定了他的情境脈絡，而這個情境脈絡又決定了這個人可能感興趣的資訊，以及可能產生的數據。情境是判斷數據消費者當下對什麼感興趣的首要因素，因此，情境化將成為企業如何與目標受眾交流背後的主要驅動力量。

空間×時間，創造每秒都不相同的需求情境

第一章曾介紹過情境式服務的概念，也就是行動裝置有能力知道自己在世界上的時空位

置。接著，這些裝置就能讓使用者接觸到根據這兩項因素得到的資訊。利用情境服務的過程，可稱為「情境化」。透過這個流程，企業就能找出各式各樣的潛在服務提供給顧客。

如果你有智慧型手機，肯定體驗過早期的情境化。如果你在手機上啟動地圖應用程式和定位服務，手機就會找出你的地點（以及時間），並在應用程式裡的地圖顯示你的位置。如果你接著在應用程式搜尋某樣東西，例如「加油站」，應用程式會找到距離你最近的加油站，並在地圖上顯示出來。這就是情境化，你的時空位置變成搜尋的部分標準。

情境化要到二〇〇〇年代初期才有辦法做到，因為情境化需要行動服務公司將定位資訊整合到服務架構，再將數據透露給外面的公司，例如應用程式開發商。因此，透過情境化能做到的事情很多尚未實現。不過，由於智慧型手機和應用程式迅速在全球擴展，對情境化的需求和期待，應該會讓這個技術能力領域出現驚人成長。而且隨著情境化快速發展，文明社會創造的數據量，將因為那些先進的服務而多增加好幾個數量級。

情境化對數據巨浪的影響不能低估。對所有人來說，我們在世上的情境時時在變化。我們可能因為去上班、購物，或是到訪另外一個城市或國家，而不斷在改變自己的位置。大多數的人一整天都頻頻改變位置。除了身體移動之外，還有時間的移動。我們的情境加上時間這第四個面向，便導致了數據巨浪，因為生活中的每一秒鐘都提供嶄新而截然不同的情境，我們的渴望和需求可能分分秒秒在改變。

舉例來說，連鎖速食餐廳企圖吸引你順路到其中一家分店，會發現情境脈絡的「什麼時候」跟「什麼地方」一樣重要。下午兩點對附近的顧客寄發早餐半價的折價券，不會有什麼用（雖然遇到適合的顧客也可能有用）；但是下午兩點寄發午餐半價的折價券給這個顧客，可能就是時機正好。

所以，利用這四個情境脈絡面向，即三個空間相關的面向加上時間，可以有效創造出上兆個獨特商機。可惜的是，這意味著企業必須意識到這幾兆個機會，即時追蹤，並即時採取行動。這就是發生作用的數據巨浪，也正快速成為顧客導向企業的新常態。

此外，還有更多面向可整合到情境脈絡之中，進一步改善獨特市場。有個例子就是地方天氣狀況。智慧型手機能察覺當地的天氣狀況，不管是藉由網路的數據來源，或直接用手機上的裝置測量，如溫度計或氣壓計。這對個人情境能增加什麼價值呢？如果一個人在攝氏三十二度的戶外，你可能會想送冰拿鐵的折價券，而不是送熱飲折價券；反過來說，如果顧客所在的地方正在下雪，你可能會提供熱巧克力的優惠。

另外一組迅速普及的面向，就是個人健康數據。顧客目前能接觸到眾多智慧型裝置和應用程式，可追蹤記錄健康相關數據，如血壓、體溫、每日走過的距離等。這些數據組可以納入日益深入的情境化，讓企業有更豐富的數據組可了解顧客，並對顧客銷售。當然，這些額外的情境面向大幅增加需要管理和分析的數據量，但我們都知道，企業若是力求繼續經營，這將是一種新常態。

從每個人的市場，變成每個情境需求的市場

情境化驅動大規模數據成長的另一個原因，是企業回應這些情境數據的方式。你能為顧客找到的獨特情境可能有幾十億種，每一種都代表一個獨特的案例，而這些案例每一個都有最理想的產品或服務可提供。因此，如果蒐集到的顧客情境數據，足以定義一萬種獨特的案例，那麼你就應該盡力提出相同數目的獨特商品或服務，回應每一個案例。

舉例來說，如果我在曼哈頓某一個十字路口需要一輛豪華禮車，我就代表在那個場合、那條街上的一個獨特市場。知道這些並不足以完成交易。光知道特定的需求存在是不夠的，還必須能夠回應這個個別市場。因此，禮車公司不僅需要知道我當下在這個地方需要一輛禮車，還必須隨時追蹤公司所有的禮車，才能將最近的禮車派發到我所在的地方，滿足我的需求。要將情境化變成現金，知道做什麼反應跟知道需求存在一樣重要。

理想的情況是，有多少個情境化案例，至少就要有多少個獨特的商品或服務，因為每一個案例都有一個最理想的回應方式。如果已確認有一萬個可能的案例，卻只提供了一種商品或服務，掌握所有情境細節就沒有價值了。因此，數據巨浪不僅源自於分析所有顧客產生的

數據，還源自於為了每個案例而創造的所有獨特回應。

一在顧客有需求前先給予滿足一

在智慧型手機上使用過地圖應用程式的人都知道，情境化就是這麼棒——應用程式知道我的時空位置，還了解我的偏好，根據這些數據呈現出來的資訊或選項，非常令人嘆為觀止。有了這些應用程式，我可以立刻找到當下有用的資訊，無論我當時要找的是什麼。現在肚子餓嗎？沒問題，這裡有距離最近的十家或二十家餐館。車子要加油嗎？輕輕一按，就能找到五、六家最近的加油站。在市中心找不到停車位？應用程式可以幫你找到最近的停車空位。

情境化是改變局勢的社群趨勢，因為它將我們的每一天，分解為成千上萬個區塊。每一個區塊裡面，我們可以界定當下的需求和渴望，因而創造出時間與空間限定的獨特市場。每一個市場必然都是個別市場，可以極為清楚地定義，方便企業鎖定。由於這些個別市場具體明確，甚至可說是獨一無二，可在那個時刻滿足顧客需求的公司，就能創造更高的顧客價值。如此一來，公司可以從顧客業務當中獲取的利益顯然更多。在這過程中，情境化促成無限的新機會，可以發現、定義，並滿足我們的需求和願望。

滿足顧客在情境脈絡下的需求，只是情境化的開端。隨著支援情境化的科技和數據發展，將越來越有能力確實預測使用者未來的情境背景。由此再發展出預測未來需求的能力，從而創造市場「拉力」，而不是市場「推力」。這種轉變將徹底改變消費者對優秀顧客服務的定義。在不久的將來，被動回應顧客將是在市場上敗北的門票；反倒是能預測消費者的願望和需求，才是眾人所期待的。要謹記的是，從被動反應到預測行銷的轉變，仰賴的是即時分析大量情境數據，而且這種情境數據將以驚人的速度不斷擴張。目前的數據管理或許顯得頗具挑戰性，但相較於未來十年可能有的複雜情況，卻是微不足道。

要參與這個情境化的世界，使用者勢必要犧牲一定程度的隱私。事實上，你願意放棄的隱私越多，透過情境化得到的潛在回報也越大。正如我們看到的，有些人斷然拒絕做這種取捨，有些人則欣然拋開戒心，一頭栽進情境啟動的市場之中。行動與社群科技的年輕使用者，對自己隱私的疑慮顯然遠遠不及年長者。儘管這種世代趨勢可能會持續下去，但是選擇加入情境化浪潮的壓力也逐漸攀高，因為終端用戶的獲益十分令人嚮往。

—不計其數的個別市場—

隨著越來越多企業開始挖掘手邊的大量數據，同時也在消費者市場創造並支援大量客製化的動力。像亞馬遜、Google 以及 eBay 等網站的常客，就能辨識出這個趨勢，因為這些網站積極記錄每個訪客的資料，利用這些資訊賣給他們更多產品，成為滿足顧客需求時不可或缺的一環。過程中，這些網站針對用戶的偏好、目前的要求和預測到的未來需求而為他們量身打造。

這種以顧客為中心的做法，演變成新的市場典範：個別消費者的市場（Market of One）。消費者根據自己和各企業的互動，現在已經開始期待這種程度的精準體驗。在這方面做得成功的企業，將能實現驚人的成長，並改善獲利能力。反之，不能履行這種客製化體驗的企業，將發現他們日益邊緣化，被推到產品或服務的商品化角落，還會眼睜睜看著獲利能力消失，因為他們不能有效回應個別用戶的需求和期待。

有趣的是，這種鎖定焦點的精準做法，未必會減少消費者收到的賣方訊息量；相反地，消費者收到的訊息通常更加切身，並占據更多他們有限的注意力，加重資訊超載的問題。

個別消費者的市場，既是由顧客數據的驚人成長而啟動，又反過來貢獻了更多數據，因此，企業現在儲存了大量顧客資訊，而且必須積極探勘，並即時回應數據。這給企業帶來對資訊來源的龐大需求，也將對成功企業的營運方式造成重大改變。

情境化再進一步應用的話，企業或許會知道在我要去旅行的城市有哪些朋友、我停留的期間他們是否有空跟我碰面，以及他們喜歡的當地餐廳名稱。這些資訊讓行銷人員得以創造一個超級精準的訊息寄給我，在引起我注意的三十秒內讓我買點什麼。而我對廣告有正面回應（並因此花錢）的可能性大幅提高，因為這能滿足我在當下情境的需求。贊助商花在情境化行銷的經費效益大幅增加。

就是這種成果效率，促使大量行銷經費在未來十年湧向情境化。情境化最為強大的行動領域尤其如此，因為終端用戶不斷在潛在市場中穿梭。事實上，二〇一二年花在行動行銷的費用，比二〇一一年增加了將近八〇％，而這樣的成長率預計在未來幾年還會加快[1]。

在YouTube上也能發現類似的情境化狀況，許多受歡迎的影片在觀看前，必須先看過一段簡短的廣告，即使這裡的情境化是很粗淺且薄弱的方式——廣告是根據要看的影片內容來決定。不過，YouTube的商業廣告手段未來幾年極可能有驚人發展，尤其是隨著越來越多用戶透過行動裝置連上YouTube。隨著情境化更加可行，這種情況的機率也更高。

微經濟：回應微市場的微需求

情境化很自然產生的一個副作用，就是微經濟（microeconomies）的發展。一旦有可能追蹤每個顧客一天的分分秒秒，就可能每天只在產品或服務特別引人注意的那幾秒鐘對人行銷。因此，企業得以將行銷訊息和經費集中在每天的那幾秒鐘，讓特定顧客進入成為準顧客的適當情境，而非只是潛在顧客。以金錢來說，這種精準行銷的效益，要比傳統的大眾市場廣告大得多。因此，情境化行銷乃至於微經濟，在未來十年將成為常態。

微經濟將因為兩個趨勢而盛行：執行交易的成本快速趨近於零，以及情境化創造無限進行交易的機會。如果每個顧客的時間與空間累積組合，都能創造一個顧客購買的潛在機會，且發起這個潛在交易的成本幾近於零（每筆交易不到一分錢），那麼這些交易就有可能發生，而且每天在無數次活動中發生。

這個趨勢的例子已經存在。有些銀行現在開辦信用卡和轉帳卡（debit card），讓顧客每次交易都能四捨五入到最接近的整數，零頭則加進顧客的存款帳戶。也就是說，如果顧客加油花了二四．八三美元，這筆交易會自動四捨五入為二十五美元，而多扣的十七美分則放在存款帳戶。或者說，如果我是一家地區性連鎖雜貨店的會員，我花的錢越多，到一個街角外的加油站加油就有越多折扣。這些業者不斷即時同步他們的顧客數據，為共同的顧客創造跨市場綜效。

還有其他例子是顧客花費寶貴的時間觀看精準行銷的廣告，就能賺取產品、服務或現金。舉例來說，舊金山機場的航廈設有無線網路，任何人都能使用，但是要透過這項服務連上網路，使用者必須同意觀看三十秒的廣告。這就是微經濟的實際運作：我花三十秒的時間和注意力，換取對我有價值的產品或服務，也就是上網十五分鐘。

有意思的是，從行銷人員的角度來看，微經濟遠遠更有效率，也更有效。行銷人員有各種方法可以接觸顧客，也一直在尋找最有成本效益的方法影響市場。微經濟的優勢就是他們可以深入了解受眾，因而更加精準鎖定，將行銷訊息琢磨到最佳效果。但是，沒有什麼是免費的，因此若要善用微經濟，企業必須蒐集處理由情境化創造的數據洪流，並採取行動。

在前面的機場網路連線例子中，企業為這項服務付錢，交換我觀看他們的廣告。行銷人員在創作讓我觀看的廣告時，對我有哪些認識？他們知道我要旅行；他們可能知道我搭乘哪一家航空公司；他們知道我旅行時會使用網路；甚至有了更優異的情境化應用軟體，他們可能知道我的旅遊計畫，包括我的目的地、地面安排（ground arrangement）和租車公司。這一切都可以用來鎖定我可能關注的產品和服務。

很顯然，這個趨勢將導致數據進一步暴增。此外，以每次十美分來完成五十美元的交易，必然使得交易的次數增加到五百。這類線上分期消費，將在未來十年變得司空見慣。如果消費者可以將注意力集中的時間分成以秒鐘計，就能將那些秒數賣給出價最高的廣告業者。無論顧客從行銷人員那裡得到什麼價值，以每次交易來算都是微不足道的。但是幾小時、幾天、幾星期累積下來，這些小額付款對消費者來說，便開始加總成實質金錢和實際價值。將顧客對這些大量微廣告的反應結果，加入目前使用的資料庫、模擬顧客行為，企業就能進一步改善訊息，並大幅增加行銷費用得到的收益。以上林林總總加起來，意味著那些企業所產生、儲存及分析的數據將大為增加。

—情境化成熟度模型的五個等級—

情境化的成熟度模型，可見圖7・1。這類模型在軟體界並不新鮮，類似的成熟度模型是一九九〇年代由卡內基美隆大學（Carnegie Mellon University）發展出來，方便企業組織判斷內部軟體開發流程的成熟度。

我在這裡以等級〇到五，界定情境化的成熟度模型。這六個等級定義情境化的複雜度與能力的移動尺度（sliding scale）。等級〇表示沒有情境化，等級五則是達到極為高階的情境化。兩者之間的每一個階段都代表能力與複雜度遞增，而每一個等級都代表產生和使用的資訊更多。

進入情境化成熟度模型時，等級〇顯示的是類似顧客用現金買東西的不具名交易。這種交易無法提供個別消費者或那筆交易的情境，因此，

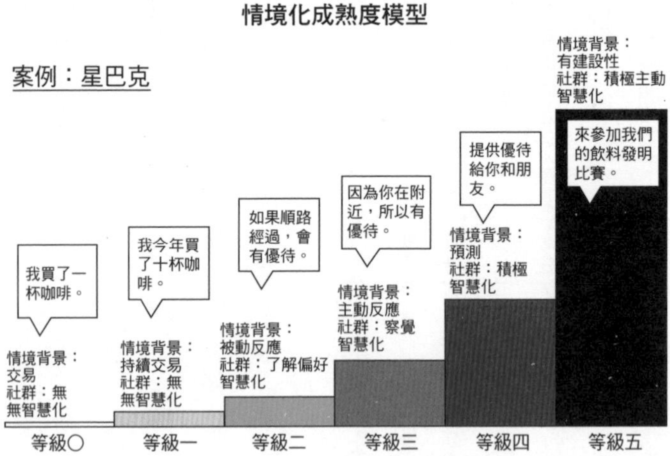

圖7・1　情境化成熟度模型

賣方無法從交易中了解太多，只知道被購買的項目至少有一個顧客。你可能還知道這次購買行為發生的時間以及支付的價格，但不知道是誰買的。因此，這些資料點（datapoint）不能確定屬於哪個顧客，對於情境化提供的廣大個別市場也沒什麼價值。

情境化等級一是顧客可能用信用卡或轉帳卡支付這次的交易，或者使用某種會員卡。這提供了該顧客的部分背景，但通常是在事後。一旦交易發生了，新的交易就能加入這位消費者的交易歷史，產生可以追蹤的交易紀錄。因此，這是反覆持續的過程。從等級一，我們可以看到一個顧客的購買紀錄，對他的行為和偏好開始有些了解。而從等級一開始，我們可以先將銷售資訊套用在特定消費者身上，進而了解他們。

到了等級二，終於有了情境意識。我們知道顧客的時空位置，一旦有了這個資訊，就可以採取行動。此外，我們對顧客的了解可能不斷加強，可以開始將他的行為和偏好放進情境脈絡。情境化等級二所能得到的時空數據，有些零售地點已經取得一段時間了。不過，因為行動性，每個顧客現在有幾百萬個時刻的情境可供利用。因此，情境化等級二在擴大接觸顧客的作用更強大，同時也導致必須處理的數據量顯著增加。

到了等級三，我們開始辨識出顧客情境的模式，如此一來就可以主動鎖定顧客。因為看過顧客過去以特定方式行事，就能預期未來會有類似的行動。這是利用歷史情境資訊來預測並驗證顧客未來可能進入的情境。此外，我們可以開始在社群媒體平台追蹤顧客，獲得更多情境背景。加入這些資訊，再加上更純熟的偏好模型，就能開始建立顧客對我們的看法。

情境化成熟度的等級四，我們對顧客的行為有充分了解，能融合預測模型和使用者的社群媒體數據，為顧客創造生活事件。我們或許知道有個顧客本週要前往波士頓，還有三個朋友在那裡。根據這些，我們可以用特別折扣，邀請這四個人在一家波士頓的餐廳用晚餐。

到了情境化第五級，就是利用對顧客的認識，為自己和顧客創造有建設性的結果。到了這個等級，我們和顧客互動交流的方式是讓對方為我們做事，即使對方持續向我們購買商品或服務。在社群方面，我們已經主動和顧客建立關係。藉由持續培養關係獲得的影響力，我們能預測未來的需求並實際改變需求。以前面的波士頓之旅來說，我們將案例進展到情境化等級五，就是讓參與者將晚餐體驗的評論、影片以及其他內容，發表在各個網站和社群平台，進而推廣我們的生意。

星巴克：從單次現金消費到主動社群參與的案例

一個案例抵得過千言萬語，所以我們就來模擬一個假設情況，說明前面敘述的例子。假設我喜歡星巴克咖啡（我確實喜歡），又假設星巴克是一家高瞻遠矚的公司，體察到必須了解顧客的價值（他們的確是），所以這家公司試圖更了解我這個顧客。

跳過成熟度等級〇和一，如果星巴克的情境化成熟度是等級二，那就知道我過去的行為。因此，我去年若是在星巴克買了十五次咖啡，他們會知道。他們還知道我點了什麼（特大杯深度烘焙黑眼濃縮黑咖啡）、付錢的方式（假設我使用信用卡，或者常客會員卡之類等級一會用的東西），以及在哪裡購買（紅土大道，也是等級一）。以該公司對我的了解達到等級二來說，他們知道如果用一般的折價券鎖定我，有可能我會更常順道過去一趟星巴克。

現在再假設星巴克進步到等級三，也就是他們察覺到我的情境背景：他們知道我的時空位置、我是誰，還有我的喜好。到了這個程度的情境化，他們知道我什麼時候開車經過紅土大道的星巴克，因此應該給我可即時兌換的優惠券，如果我在十五分鐘後順路經過就能用上。有了這樣的認知以及星巴克的即時回應，我更有可能在收到訊息的時候順路過去，增加星巴克可能從我這裡賺到的營收。對大多數的零售業者來說，等級三代表從一般的顧客會員卡做法往上一步，而且大可由配置在智慧型手機的新一代應用程式履行。這些應用程式可提供情境資訊給賣方，讓他們模擬顧客的情境行為。

現在進步到情境化等級四，星巴克這時已能「預測」我的需求和渴望，說不定連我自己都還沒有察覺到。一旦星巴克能追蹤我的時間和空間位置，他們的員工不必太費力就知道，我每個上班日的上午七點半到八點之間會開車經過紅土大道的門市。知道了這點，他們能實際預測我未來的情境，並根據這未來情境提出交易產品。如果他們知道我每天大約在那個時間開車經過門市，何不在每天早上七點十五分寄給我一張電子折價券，到了八點就失效？我若是在早上七點半以前接受提議，保證有咖啡等著我？有了一些情境數據，再加上每天縝密地分析幾PB的數據，種種變化都能輕易達成。

最後，星巴克或許會努力到底，達到情境化等級五，也就是社群化的情境化（socialfied contextification）。這到底是什麼意思？這是說，星巴克監測我的社群媒體狀況，更深入累積對我的認識：我是誰、我喜歡什麼以及為什麼、我的朋友有哪些以及他們的喜惡，諸如此類。等級五的情境化意味著深層的顧客親密度，這原本就帶有侵入性，但對顧客卻極有價值，以至於他們願意犧牲部分隱私來換取利益。

因此在這個案例中，等級五的情境化可能代表星巴克知道我有四個好友也常去紅土大道門市，一個在上午早一點，兩個在上午稍後，一個跟我的時間差不多。星巴克可能知道我們都喜歡選飲料單上沒有的東西，以及各自喜歡怎樣調配飲料（我喜歡特大杯深度烘焙黑眼咖啡加牛奶，比正常溫度略低一些，一包代糖、一點香草和一點肉豆蔻）。

最重要的是，根據我們和星巴克更深入、更親密的互動，他們知道我們每個人對這個品牌的感覺。用上所有掌握到的知識，紅土大道的星巴克可以主動為我和朋友安排一場聚會，我們想點的東西都能有折扣，還可以在社交環境中碰面，全都由星巴克一手安排。此外，就星巴克為我們安排的體驗，我們如果在Yelp、臉書或其他社群網站給了高分，星巴克還會給我們獎勵報償。

情境化等級五的另一個例子，就是星巴克每家門市推出的「創造新飲料」比賽。每家門市邀請幾位互動最多、也最有利潤的顧客參加比賽，由他們各自發明一種新的咖啡飲品。衛冕者發明的飲料可以加入星巴克的飲料單，還能獲得某種金錢獎賞，以及表彰貢獻。這是未來十年企業必然會嚮往的深度顧客參與。

這些例子對其他業者或許顯得離譜浮誇，或者太複雜，但這個程度的參與、這個程度的情境化，在今日是可能的。因此，你的競爭對手可能已經做到，或者正在邁向情境化等級五的路上。我強烈要求你思考自己的業務並模擬消費者，試著找出若是執行等級五的情境化，該怎樣以不同方式滿足顧客。由於如今全球有將近十億智慧型手機，我建議你儘快思考這些，因為在這個領域創新的機會稍縱即逝。

必要的情境化

為什麼要費事進行情境化？是認同這無數個個別市場真的有更大的行銷威力？還是顧客真的會忍受這種轉變帶來的龐大行銷訊息量？時間久了就知道，但目前所有證據都顯示這兩個問題的答案都是「會」，而且絕對「會」！看看一些成功企業如亞馬遜、Target 和星巴克，在在都是你需要的證據，證明情境化在未來十年大概是商業競爭中左右局勢的因素。

或許你會想，你又不跟亞馬遜競爭，你不賣書、不賣電影、不賣電子閱讀器，所以不需要擔心亞馬遜怎麼做。這樣說或許也對，但你的顧客幾乎都在亞馬遜或 eBay 買東西，不然也是 Google 或雅虎的使用者，因此，亞馬遜創造的顧客體驗也是顧客對你的期待，即使你沒有在同樣的縱向產品或服務直接與亞馬遜競爭。

最關鍵的是要知道，像亞馬遜這樣的創新者，為所有產業都設下了障礙。就算是在企業對企業（B2B）的行業，不必直接和終端消費者打交道，還是必須體認到這個影響。或許你是將產品或服務銷售給其他公司，但那些公司內部的人本身也是亞馬遜之類公司的顧客，因此身為你的顧客，他們也會有同樣的期待。

●再也沒有「多餘」訊息的精準情境行銷

一、有定位能力的智慧型手機正在創造以情境為主的服務市場。這個市場讓企業可以善加利用全世界超過六十億行動用戶，每天總共幾千個情境機會。情境化在未來十年，將成為企業所能接觸到的最大單一商機。

二、提高情境化成熟度，會對顧客產生更深刻的認識，也帶來更深入的顧客參與。這種參與意味著單客營收有機會更高，以及每筆完成的交易獲利可能更高。

三、情境化的一大挑戰，就是不能以多餘的訊息壓垮消費者。透過數據分析對顧客累積深刻認識的公司，更能精準鎖定訊息，並在顧客最可能採取行動的情境中提出。

四、要善加利用情境化，企業必須準備好以前所未有的規模取得數據，並加以分析再採取行動。這可能包括每天處理幾十億或幾兆筆紀錄，高達幾PB的數據。資訊科技基礎設施一定要設計到能應付如此劇烈增加的數據量。

五、情境化需要企業分分秒秒回應顧客不斷變化的需求。為了維持競爭力，企業必須重新設計流程，才能自動回應這些急切的個別市場。這表示直接服務顧客的業務流程，必須在沒有人力干預的情況下執行。

六、要建立對顧客情境化的回應，可能需要更多工作、產生更多數據，比擷取顧客數據所費的力氣更多。業務流程必須重新設計，因應這種暴增的工作量，以及所產生的數據。

8. 社群化——蒐集顧客的每日PO文，遠勝複雜的市調報告

一九九〇年代以來，企業一直試圖利用科技建立對顧客更深入的認識。這催生了新的軟體類型，稱為顧客關係管理（CRM），號稱能讓企業更加了解顧客，進而將企業與顧客的關係貨幣化。二十年後，幾乎全世界的公司都有各自的CRM。這些解決方案的範圍從簡單的通訊錄資料庫，到追蹤顧客採購、網路到訪、服務平台電話，以及其他聯絡方式的高度複雜系統。無論成本或複雜度如何，CRM系統都有相同的目的：改善企業對顧客的認識，並達成更深入的交流互動。

有意思的是，大部分的公司發現，他們的CRM系統實在遠遠不如系統設計者說的那般天花亂墜。雖說這些系統能追蹤大量的顧客資訊，但也必然受限於它們能接觸到的顧客資訊種類。我可以模擬一個顧客的採購項目，並試著利用這個數據更了解他們，但光是採購歷史就能讓我深入了解一個人的渴望、需求和價值嗎？網站點閱歷史能幫助我了解顧客的情緒

嗎？或者有更好的方式和他們交流呢？

二〇一〇年代以後，社群媒體從純粹的科技創新，演變成人類行為的一環；從新的傳播工具，演變成一種生活風格。社群媒體改變社會的規模與範疇仍有待定義，但假以時日，其影響無疑會令網際網路相形失色。社群媒體正在影響生活的每個層面，而將社群媒體進一步應用到生活，或稱「社群化」，將決定社會未來幾十年的進展。

引爆參與感的社群革命

社群化就是我們大規模即時連網狀態對世界的影響。社群媒體如臉書和推特，讓所有人能形成數位族群並參與其中；群組人數從幾十個到幾百萬都有，他們和我們分享某種社會興趣，而我們又尋求和他們更深入的交流。社群化基本上就是歸屬於一個或更多族群的過程。這種歸屬意味著個人化，因為族群得要認識我，知道我的喜好、知道我的希望與夢想，以及我認為必須宣告線上眾人的任何事。

社群化也和參與有關，因為社群媒體的本質就是個雙向道。它居中牽線，讓參與成為心照不宣的社會公約一環，而族群也有此期待。身為族群一員卻沒有貢獻是不好的。最後，個人化和參與這兩個趨勢，確立了社群化的第三個特色：交流。藉著對特定數位族群敞開心靈，和這個團體分享自己的想法，我們和這些幫助我們受到肯定的人建立一定程度的交流。這種獲得接納、受到肯定的力量不應受到低估——那可能是區分社群媒體和其他線上行為的關鍵因素。

客製化的行銷訊息，從「推力」變「拉力」

如果你懷疑這種受到肯定的力量，只消看看社群平台在全球社會受歡迎的程度。正如前面所說的，臉書用戶在二〇一二年超越十億，不用多久肯定會超過二十億大關[1]，臉書會員變得超級連結（hyperconnected）、超強反應（hyperresponsive），因而高度交流（hyperengaged）。這裡我說的高度交流，是指有話想說的個人幾乎可以馬上就說，或許也沒有多想，而且說出來可能馬上就讓幾百萬人看到。而這些人就是和說話者已經建立族群關係的人，因而說出來的東西對他們有重大影響。

很顯然，這種影響力的潛在衝擊，怎麼說也不誇張。在我們這個超級連結的世界，不滿意的顧客現在會發文說出不愉快的經驗，說不定會傳達給幾百萬人，而且可能是在當下就這樣做。一旦這樣的貼文發出去，顧客可能收到族群中幾十個回應，若非附和即是反駁，形成的對話可能深刻影響族群對這家企業的觀感。就像你可能在大眾媒體或自己的社群媒體頁面上看到的，在一個社群連結的世界，壞消息迅速就能傳遍千里。

這樣一來，企業沒有多少回頭補救的辦法，挽救對聲譽可能造成的巨大損害。而許多公司的應對之道是雇用專業的「推客」（tweeter），這些人唯一的工作就是監看像臉書和推特之類的網站有沒有負面評語，再盡快回應每個顧客的抱怨。這當然需要公司蒐集並了解這些網站創造出來的幾十億筆訊息。監看及回應這些需求，可能超出許多公司的能力。不過，有無能力這樣做，可能是未來十年衡量企業成敗的關鍵。

社群化大幅改變企業與顧客的關係。過去這種關係通常是以賣方為重心，賣方的心力用在努力將產品或服務賣給顧客。這是「推」的策略，也就是訊息傳送給全部的現有顧客或潛在顧客，然後賣方希望部分訊息能留在部分接收訊息者的心中。

反之，在社群化的世界，顧客成為買賣雙方關係的焦點。透過社群化，賣方盡量累積對顧客更深刻的認識，再精準鎖定行銷訊息，挑動顧客主動想要賣方的產品或服務。這種做法創造出顧客「拉力」，而不是由賣方「推動」，因而締造顧客更滿意的體驗。此外，這種做法也為賣方帶來更大的獲利能力，雙方之間的聯繫也更為堅定。

Subway：單一明星代言人到成千上百素人代言人

企業與顧客發展出這種深刻關係的現有例子，就是Subway三明治連鎖店和他們的付費代言人福格爾（Jared Fogle）。福格爾宣稱自己減掉約九十公斤體重的節食期間，大多吃Subway的三明治。Subway注意到這個故事，開始拿來放在給顧客的健康飲食訊息當中。而福格爾在成為Subway的獨特代言人之際，也累積了一定的名氣，而且淨值顯然超過一千五百萬美元[2]，這種企業與顧客之間的贊助關係將因為社群化而漸趨普遍。

在不久的將來，類似Subway的公司不會只贊助一個福格爾，他們會贊助成千上百個。他們會跟大量也想減重的顧客簽約，並在線上社群追蹤他們的進度。當節食計畫達到一定的里程碑，這群福格爾將收到企業贊助者的各種獎勵，從產品服務折扣到購買時可用的小額付款金錢或點數。這些顧客都不會像福格爾那樣賺到幾百萬美元，但每個都可以從積極參與社群團體，獲得企業贊助者提供的幾百、幾千美元。

採行這種策略的企業，投資報酬率極為驚人。再者，這些企業不是將幾百萬美元給了一個福格爾，而是將數額小得多的金錢分給幾千個福格爾。這個團體將創造幾百個成功故事，而不是只有一個，而且會刺激更多顧客有樣學樣。企業花費的行銷金額總數可能相同，但是因為分散到廣大的社群參與者，支出金錢的影響將明顯放大。

不過很重要的一點是，全世界有幾千個福格爾，就會漸漸有濫用這個制度的念頭。如果有錢可賺，就會有人想方設法欺騙以這種方式交流的公司。贊助某個不值得、說謊或是犯罪的人，潛在傷害甚為重大。因此，企業必須花費力氣查核受贊助者的背景。一定要即時監控訊息的傳播，發現有人在線上行差踏錯時，立刻抽掉資助。這將是與數位社群建立深入交流的代價，但是受惠的益處將超過支出的相關成本。

就像這個例子所顯示的，社群化勢必意味著，企業必須管理數量更為龐大的數據。在顧客生日寄送折價券是不夠的，必須即時監控每個顧客，從中尋找機會，以親密的方式和每個顧客交流。以 Subway 的例子來說，如果某個社團成員在臉書上貼文，說自己實在很想來個高熱量大餐，例如油膩膩的起司堡，Subway 就必須看到這篇貼文並立刻回應，寄送 Subway 低熱量潛艇堡的半價優惠券，避免顧客下一秒又反悔了。

這個例子顯示 Subway 已經建立一套機制，即時監控可能高達幾千、甚至幾萬名社團成員的貼文，同樣也即時發現交流的機會。有待監控的數據量可能很龐大（請記住，臉書每天產生超過六百 TB 的數據），而要從這些數據流當中獲取有用的結果，必須用到的高階語言辨識技術，才剛發展到還算有效的程度。

維基百科：五億詞條的社群化分工

要是有人質疑一般人會免費貢獻自己的時間、興趣及知識到什麼程度，只消看看維基百科（Wikipedia）就好。截至二〇一三年初，維基百科持續更新超過四百萬個主題的內容[3]，全是由幾百萬個作者自願貢獻。這些撰稿人的工作沒有任何報酬；他們做這些是為了可能只有自己才知道的非金錢因素。不過，維基百科從這些自願者獲取超過五億條詞條，而且成為最佳例證，說明數量龐大的自願工作者，透過社群連結所能達到的成就。

這並不表示企業不應該給他們完成的微工作（microwork）提供報償，反倒證明非金錢報償往往足以從你吸引到的受眾獲得重大價值。我將在第十八章說明企業可以如何善用這個流程，屆時，我們將討論群眾外包（crowdsourcing）這個概念。

相近市場：社群影響力應該獲得某種報酬

我們在第七章介紹過微市場的概念，這是因為情境化的引進和成長而創造出來的。微市場一個快速發展的變異體，就是我要說的相近市場（proximate market）。在法律界，事件有兩種原因：實際原因和相近原因。顧名思義，實際原因就是真正造成某件事發生的原因。

如果你被車撞，那麼受傷的實際原因就是遭到車子撞擊這件事。相較之下，相近原因則是造成實際原因的因素。舉例來說，你受傷可能是因為被車撞，但受傷的相近原因則是那輛車的駕駛開車時傳簡訊，而沒有注意到路況。

駕駛不專心並不是造成你受傷的實際原因，但如果駕駛當初留心，意外就不會發生。在法律上來說，這通常稱為「若非」（but for）原因，即「若非」駕駛開車時傳簡訊的疏忽，意外就不會發生。傳簡訊是你受傷的相近原因，汽車撞上你則是實際原因。

這些在微市場全都息息相關，因為相近原因或相關因素的影響力，將成為企業與顧客互動的新經濟。如果一個顧客、夥伴或其他當事人吸引別的顧客來購買產品或服務，這筆交易的影響者會預期、且將來也會收到某種報酬。儘管有人在臉書頁面撰寫評論，熱烈讚美一項產品，只是因為這個產品的體驗非常好，但這個人漸漸就會期待正面的評論能收到某種報酬，而且真的會得到。

這種相近市場現在已經有各式各樣的例子在運作，但是未來將會不斷增生蔓延，幾乎碰觸到經濟結構的每個角落。正如情境化的討論中提到的，每次顧客利用族群及社群影響力推動企業活動時，可能會獲得某些小額報酬。擁抱這種新廣告方法的公司可能會發現，付出小額付款換取說好話，在數位族群造成的效果遠遠大於傳統大眾市場廣告。利用相近影響力行銷的機制已經非常龐大，而且還在快速成長。想法前瞻的公司會欣然擁抱這個模式，並在競爭中大步向前，善加利用社群媒體令人上癮的特質，以及顧客對於歸屬感的深切需求，即便是在線上。

─社群化成熟度模型的五個等級─

就像情境化模型一樣，我提出的社群化成熟度模型也是分成等級〇到五。每個等級都建立在前一級上，而這裡的主要驅動力量，是和每個顧客達成的社群參與深度。在等級〇是不具名交易，也就是沒有得到有關顧客喜好或行為的資訊，所以也就沒有機會和他們交流接觸。在等級〇當中，我和顧客就像夜晚擦身而過的船隻。我們進行業務交易，但我對他們完全不了解。

在等級一時，我可以追蹤個別顧客的行為和喜好，根據的是對方使用常客會員卡或信用卡，或者因為顧客在我的社群媒體網站按讚或是加為好友，

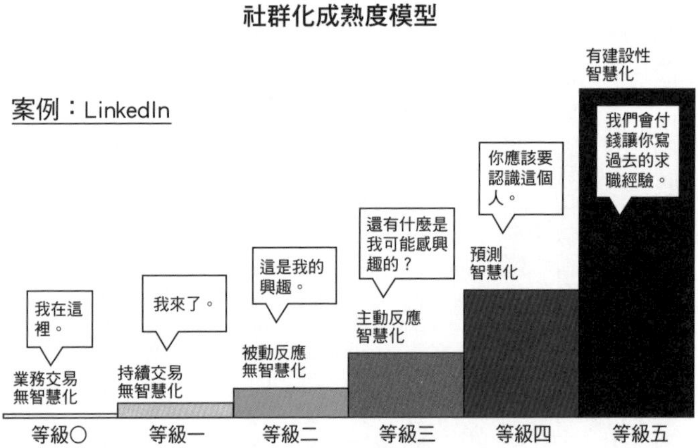

圖8・1　社群化成熟度模型

偶爾發表一些想法。既然我可以將這些互動歸類於特定顧客，就可以開始模擬偏好並量身打造訊息。

到了社群化等級二，我可以開始對顧客需求做出反應，這意味著我要監控自己的網站或其他網站，尋找有關公司的評論。因此，或許你的公司網站是以線上部落格或其他社群媒體貼文，吸引顧客互動。另一方面，你可能是看臉書或推特上的訊息流，尋找有關公司、產品或服務的評論。當有評論提到你，你就受到了某種注意，並可在你認為適當的情況下，對訊息採取行動。這些評論可能有好有壞，但只要一出現，都要有反應。

如果你的公司至今還不到社群化等級二，可能就麻煩纏身了，因為這表示你對顧客在進行的對話渾然未覺。公司外面有成千上百的人在沒有你的引導之下，推動你的品牌知覺，而你卻對塑造這個訊息沒有作為。這樣的評論可能嚴重傷害公司的形象，又或者可能成為偉大產品創新的來源。無論是哪一種，如果你沒有連接上這些平台，就無法回應這些顧客，也不能參與這些討論。二〇一三年以後，等級二的社群化實際上已經成為社群媒體賴以為生的機制，但願你至少已到了這個等級。

到了社群化等級三，企業開始積極和顧客交流。藉著關注顧客的社群媒體互動，企業開始漸漸掌握他們的喜好與意見，也得以透過精準行銷訊息引導他們的意見。積極主動的社群化，意味著將你取得的社群媒體數據融合營運數據，並能夠在每次顧客展開和公司的新體驗時，開始與顧客交流。如果你是一家航空公司，有個顧客特別挑剔、在社群媒體上也特別愛發言，你可以在他下次旅行之前先確認，並在負面評語出現之前，採取行動改善顧客體驗。等級三的社群化可能是管理企業形象的強大法門。

到了社群化等級四，企業對顧客有充分了解，可以開始預測交流互動的方式。舉例來說，航空公司可能注意到，有個顧客在臉書上對其中一個親戚提到要去探訪。根據這個貼文，航空公司或許可以主動送顧客機票折扣優惠，只要顧客現在預訂班機。這時候，航空公司不僅是在預防顧客的負面情緒，更是藉由預測顧客未來的需求並加以滿足，先行建立正面觀感。到了等級四，顧客參與開始變成顧客親密，這可能產生重要的品牌忠誠度，對獲利能力也有明顯可見的改善。

最後是等級五的社群化，公司和顧客的關係變得有建設性。我這樣說是指，公司確實以建設性的方向與顧客交流，讓顧客成為虛擬員工，以工作成果獲得報酬。前面提到的航空公司或許可以真的付錢給顧客，撰寫這趟由航空公司安排的旅遊行程日誌。有了這種程度的交流，公司和顧客建立起共生關係，並開始培養深厚的品牌忠誠度。

LinkedIn：不只幫你找工作，還給你報酬

有個例子應該可以補充這個概念。社群媒體網站 LinkedIn 頗受歡迎，你可能也是會員之一。這是以職場為主的社群媒體網站，專業人士可以根據經驗、興趣以及職業需求而彼此互動。這是十分成功的網站，也是二〇一三年初就至少達到社群化等級四的網站之一。我們就來看看使用者在社群化的六個等級，各是如何和 LinkedIn 互動。

在等級〇時，我們可能只是瀏覽 LinkedIn 的網站。我們沒有和網站或其他用戶交流，我們只是執行一些業務：也許是想找出自家附近其他有類似經驗的人，詢問一些工作上的問題。LinkedIn 容許進行這種不具名的交易，至少可搜尋那些公開檔案的使用者。因此，我們如果做這樣的搜尋，至少會得到一些結果，而我們的交易就能完成。

到了等級一，我們真的有了 LinkedIn 的帳號，但簡介檔案沒有提供背景資訊。有了帳號，LinkedIn 可以追蹤我們在網站上的活動，並開始了解我們。當我在瀏覽網站、進行搜尋，以及使用 LinkedIn 提供的其他功能，網站會知道我在找什麼，以及可能要尋找什麼。這時候就能把適當的內容推給我，達成單向的溝通。

往上移動到等級二的交流後，我確實完成了自己的簡介檔案。藉由分析我的檔案，LinkedIn 知道我在哪裡工作、在哪裡上學、住在哪裡等等；之後就能利用這些認識，推出一

些我可能覺得切身相關的內容。LinkedIn 的用戶會認可這種程度的參與，因為 LinkedIn 根據你的簡介檔案，開始推薦其他你可能想要認識的專業人士。

到了等級三，LinkedIn 開始找機會主動和我打交道。根據我的簡介檔案以及我建立的人脈，網站開始推薦其他我可能有關係的人（朋友的朋友等等），同時根據我的興趣，推薦其他我可能有興趣加入的社團。這種交流增加我從網站得到的價值，因為 LinkedIn 開始幫我建立靠我自己可能永遠無法建立的人脈。

到了等級四的社群化，LinkedIn 利用對我日漸成熟的模擬，推薦完全在我現有職場人脈以外的潛在人際關係。這種個人情報蒐集會留意我的興趣、觀察我參與的社團，可能還聯合其他數據來源，例如我在亞馬遜購買的書，或是我在 Google 搜尋過的公司。綜合所有資訊，LinkedIn 得以發展出更加精密的模型，掌握我是什麼樣的人、喜歡什麼、可能重視什麼，並試圖以預測的方式將資訊推給我。正如前面提到的，LinkedIn 有些特色很接近這個等級的社群化，而我預測該網站在朝等級五的網站努力之際，將會更加徹底落實這個等級。

另一個社群化等級四的例子，可能就是 LinkedIn 如何服務其他顧客，例如亞馬遜之類的零售業者。我注意到 LinkedIn 經常根據我的興趣和我的人脈，向我推薦書籍。如果我接著就根據推薦向亞馬遜購書，LinkedIn 會得到一筆推薦報酬。這或許可以作為例證，說明 LinkedIn 為用戶創造的預測性、甚至是等級五的建設性關係。

等到 LinkedIn 達到等級五的社群化，會是什麼樣子？等級五代表網站與使用者之間一種互利的建設性關係。由於用戶其中一個有建設性的結果就是轉職，我預測 LinkedIn 會透過已轉職者和網站的互動找出這些人來，並付錢讓他們寫文章，描述網站如何促成他們轉職的故事。使用者因為故事而收到報償，LinkedIn 則收到名聲威望，可以和用戶社群的其他人分享。關於這個模式可以如何擴展，肯定還有更多例子，但這就是社群化等級五的概念。

由於現在六個人當中就有一個參與社群媒體，我們可以持平地說，這種現象仍將持續影響社會的每個層面。社群化成熟度模型確實顯示，社群媒體的影響有大半仍未顯現。現在社群媒體是社會風景中特別顯眼的特徵，我們也將看著它們越來越深入我們每天使用的一切。企業若能採取適當步驟，利用我們和數位族群的互動，將能從每個人的身上擷取更大的價值，而我們也會更加滿意。不能善用社群化的公司則將越來越邊緣化，因為他們贏得的顧客忠誠度，將遭到無數投資必要交流的競爭者所侵蝕。

●是否打進顧客社群，決定你未來的獲利

一、截至目前，所有直接服務顧客的業務流程，若不能支援等級四的社群化，至少也要到等級三。同樣地，所有直接面對員工和供應商的業務流程，至少也要到等級二。

二、體認到社群化需要蒐集巨量的數據，加以分析再採取行動。這些數據必須盡可能即時使用，因此對資訊科技和業務流程都是巨大的負荷。此外，由於規章和特定行業管理法令，這些數據全都必須儲存並方便取得。務必確認你的企業體認到這些挑戰，並相應調整投資策略。

三、到了二〇二〇年，社群化將成為顧客忠誠度的主要決定因素，也是創造營收與獲利能力的主要決定因素。

9. 量子化
最小化營運流程，最大化外包成果

在我的職業生涯初期，諮詢工作主要著重在流程再造。整個一九九〇年代，我協助許多公司分析業務流程，並設法改善結果。我對客戶的建議可能包括移除特定的流程步驟、放棄多餘或不必要的檢討或批准步驟，精簡工作成果流程，並剔除最後階段的品質檢討和重做。在那個年代，流程再造是商業界的熱門話題，而我學到很多流程如何運作以及如何改善。

我學到的一個關鍵重點就是，絕大多數的業務流程裡面，都有好幾個步驟增加不了業務價值，通常會拖慢流程，而且不能為最終結果增加差異化。此外，大多數的流程可以分解成一系列的子流程或子步驟，各自創造一個或多個產出，對母流程的最終成果是不可或缺的。舉例來說，如果你是在製造汽車，可能需要四個輪胎完成業務成果，也就是汽車。有一整套的業務流程支援生產這些輪胎，但你其實只對流程的成果感興趣：用來投入你自己業務流程的輪胎。

繼續這個類比，那些輪胎是哪一家公司製造的，對你來說可能沒有什麼差別。反正你想要的是以可能的最低價，取得滿足特定需求的輪胎。要達到這個目的，就得清清楚楚說明輪胎必須符合的參數，包括高度、寬度、胎面花紋；簡而言之，讓輪胎製造商生產出你所需要輪胎的所有參數。我稱這個具體載明結果的流程為「量子化」（quantafcation），因為這是在明確界定業務價值（或流程成果）一個量子的特點。

以物理學來說，量子是一組具有特別性質的能量。一道光量子是單一的光子，具有一定數額的動能、一定的波長、一定的頻率等等。這每一個都能讓我們充分描述光量子的特性，藉此了解光量子。物理學家會說，這個定義沒有考慮到海森堡（Werner Heisenberg）的測不準原理（uncertainty principle），這個原理是說，不可能在毫不確定的情況下，同時知道所有粒子的特性和位置。雖然這樣的不確定性可以套用、也經常套用在業務流程，但是說到這裡就有點太深奧了。就我們的目的來說，量子化是將業務流程分解成定義清楚的投入或產出單位，可以迅速和其他類似的量子互換。

所以，量子化是邁向有效流程管理的必要步驟。如果將你的流程看成一系列的相關步驟，各自生產特定的業務量子，為流程的最終目標貢獻，那麼為了讓業務流程可預測、可衡量、可管理，就有必要將這些有貢獻的業務成果量子化。有趣的是，正是這些特點，決定了特定業務流程或子流程是否能成功外包。

——量子化促成外包崛起——

封裝成果（packaged outcome）是量子化的結果。封包成果就是其中所有相關特質都為人熟知，並符合預先定義的規格。如果這個成果符合這些規格，那應該能成功對目標業務流程做出貢獻。繼續前述輪胎的例子，我具體列舉需要十七英寸的輪胎，寬二一．五公分，冬季胎面花紋。我可以找到符合這些規定的輪胎並順利採購。每一個輪胎都是一個業務量子；就是能滿足一組明確要求、具有業務價值的品項，對創造一個具有更大業務價值的品項（汽車）做出貢獻。

一旦一個成果封裝打包，很快就能由自己的公司或其他具備必要技術與能力的公司生產。事實上，你的業務流程使用的成果，即使不是全部，而是大部分由其他只專注產出該成果的公司來生產，或許會更有效率。就是這股力量，支持過去十年外包的崛起。

——監控外包成果的「和弦協調」——

希望到這裡，我們已經證實，整個商業界正存在著數據不斷成長的情況。量子化必然會加入這股趨勢，因此，我們必須掌握與每個業務量子有關的所有數據。在量子被外包給另外一方履行時更是如此，我們必須能夠監控這些品項的生命週期，因為它們是要用在我們的業務流程上。如果外包有缺點，就需要更加警惕從外面採購的成果，以及伴隨這種監督而來的數據管理需求。還有一個需求，就是適當協調外包結果的執行。必須確定流程所需的產出有穩定供應，不需要維持多餘的庫存量，因為這也是沒有效率的做法。

這樣的平衡很難掌握，而這就是過去二十年來日益重要的物流專業技術。隨著業務流程加快，物流的重要性將與日俱增，因為供應鏈管理若有任何差錯，會造成企業成本不斷增加。我稱這種供應鏈成果的物流管理為「和弦協調」（orchestration），因為這有時候更像是一種表演藝術，而不像是專門技術。特別善於成果協調的公司，可以建立遠勝競爭對手的結構性優勢。因此，我們值得為了這個目的花費大量時間和精力，而這也是靠量子化的數據才可能做到。

工作者變成流程管理者，而非實際執行者

業務數據爆炸性成長的另一個影響，就是現在業務流程的速度、規模及範疇，讓流程自動化變成絕對必要。不久以前，業務流程大部分由人執行，諸如訂單、發票以及服務要求等

表格，全都是手工填寫、複審及批准、處理，再歸檔。人力密切參與執行及完成業務流程的每個層面。

從一九九〇年代到二〇〇〇年代初期，大規模安裝業務流程自動化軟體，將人力從每天案牘勞形的文書工作中解除。這種軟體將業務流程的路由與規則編碼到可以自動運作的系統，接受新的業務交易，並推動交易通過流程直到完成。這種自動化讓業務流程運作得更加快速、準確，花費也更低廉；這是企業從一九八〇年代末期開始，在業務流程自動化軟體投資幾十億美元的最大獲益。

這種獲益有個例子，或許可以紐約證券交易所（New York Stock Exchange，NYSE）在這段時間的發展一窺端倪。紐約證交所從一九八〇年代開始大舉投資自動化交易系統，這些系統自動執行股票的買賣，並能在交易公司的後端系統撮合這些交易。在自動化之前，這類撮合可能要花上好幾天，因為要人工手動檢查每一筆交易是否正確且一致，並維持每家公司的股票投資組合累計總

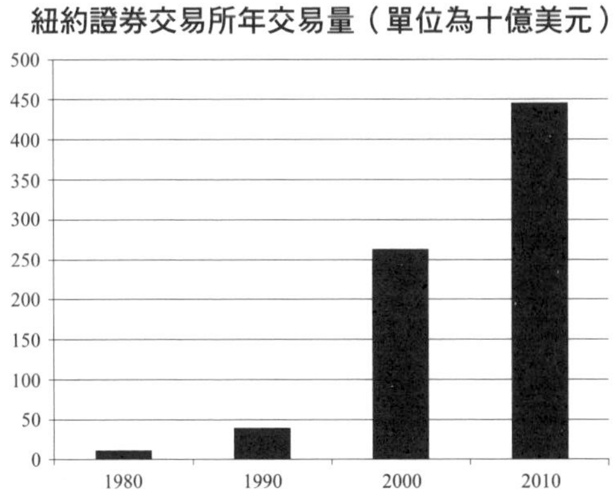

圖 9-1　紐約證券交易所年交易量

資料來源：紐約證交所

和。由於自動化，紐約證交所的交易量從一九八〇年的一百一十四億股，成長到二〇一〇年的逾四千四百四十億股（圖9・1），年成長率將近一三%[1]。

啟動現代企業的流程自動化

透過流程自動化，幾乎所有企業過去二十年在量與速度上都有驚人成長。圖9・2顯示美國從一九五九年到二〇一二年的指數化生產力成長。如圖所示，美國每個員工的生產力或經濟產出，自一九六〇年代以來成長三倍。

在這個資訊時代，電腦開始越來越深入、越來越強大地整合到我們的經濟。可以說，這使得一般美國工作者的產出成長三倍。

到了二〇一〇年代，這種業務產出加速的程度，已經達到許多業務流程再也不能有效由人力執行。人變成流程管理員，監督自動化流程的工作進行，而不是親自執行這

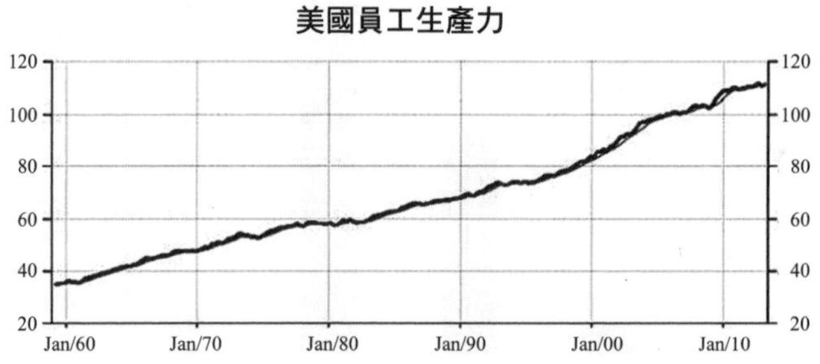

圖9・2　美國每名員工生產力

資料來源：美國勞動統計局（U.S. Bureau of Labor Statistics）

些流程。如果有哪個交易業務確實是自動化流程規則的例外，可能還是需要用到人，因為每個例外都必須正確處理。不過，解決每個例外的管理規則在定義後，仍可以編寫進自動化流程，確保未來不必人力干預就能處理。

這樣反覆定義新業務規則，對持續優化自動化業務流程極為重要，因為能確保這些流程可以正確處理不斷增加的業務量。此外，人在這些流程中的角色變成流程管理員，確保流程正常運行，並在例外發生時出手處理。

這個趨勢差不多說明了，目前和世界所有公司的顧客服務打交道的經驗。如果打電話給公司的顧客支援服務，幾乎都會進入一個由機器製造的問題迷宮，而這是用來區分你問題的本質。你輸入系統的資訊越多，系統越有可能在沒有人力干預下解決你的問題。沒有這種外力干預而能解決問題，是評估自動化系統成功與否的標準，因為這比真人實際參與的費用少上好幾個數量級。

我們都體驗過這種令人惱火的電話顧客服務過程。「這種問題請按一，那種問題請按二」只是為了區別你的問題，盡量透過流程自動化解決。這種解決方法通常比讓一個人掛在電話線上更快速、更準確，也更便宜，而這些好處也是互動式語音回應（Interactive Voice Response，IVR）系統從一九九〇年代初期以來大行其道的原因。

最近這種趨勢出現有趣的逆轉。有些公司真的把人放回去顧客服務流程，而且將這項服務當成品質差異化的特點。觀察這個趨勢是否會持續，或是自動化自助服務是否將改變什麼算是「好的」顧客服務，一定很有意思。自動化服務如果設計得當，是可以比由真人提供的服務更快速、更精準，也更令人滿意。時間會證明，和顧客服務代表（也就是真人）直接互動，是否會促使感知服務充分改善，證明值得投入更多成本。

量子化成熟度模型的五個等級

量子化成熟度是探討你的業務流程結構有多完善、多能被人了解，因此可外包的程度有多少。這攸關哪個業務成果因為能產生差異化，所以重要到必須留在內部；而哪些成果又因為商品化而不能提供差異化，可以外包、也

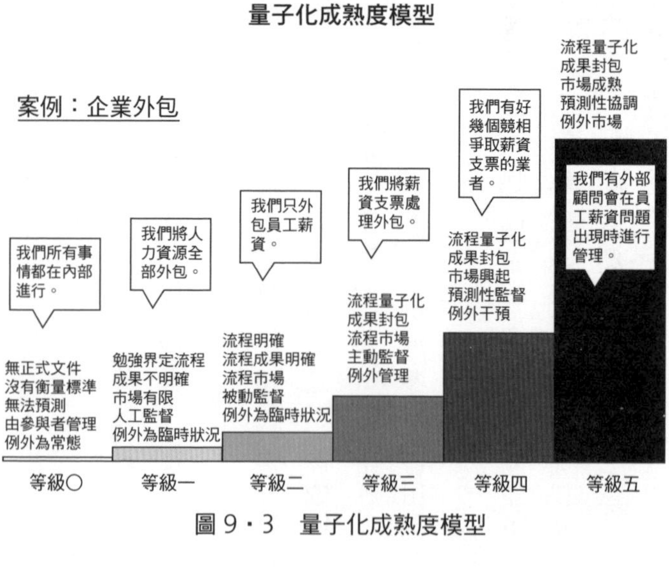

圖9・3　量子化成熟度模型

應該外包。圖9・3呈現的就是量子化成熟度模型。

正如我們已經證明的，任何不能為業務製造差異化的成果，都可以、也應該交由完全專注在該成果的競爭業者來處理，或是交由可壓低成果支出、同時推升成果品質的競爭業者。我稱之為「必要外包行為」。量子化主要是討論流程與外包管理。能夠進行外包的精密程度，直接關係到特定流程有多透明，而這又是由資訊流來決定的。量子化的每個等級，代表數據的創造、處理以及了解都有顯著增加。我們就來一一檢視每個等級。

在等級〇的量子化，業務流程沒有正式文件，都是事到臨頭才處理，由執行流程的人判斷怎樣完成才正確。流程的預測性以及可重複性，完全取決於流程參與者的表現。雖然這些流程可以衡量，但通常沒有這麼做，這就無法留下文件紀錄、區別特點，以及辨識最重要的可外包性。最後，這類流程充滿了例外，因為很少人知道這些流程應該產生什麼樣的成果。到了二〇一三年以後，鮮少有企業繼續全面以這種方式營運，因為經過競爭對手三十年的流程再造與自動化，這種企業早已被迫倒閉歇業。但大部分企業的內部流程運作，仍有些維持在量子化等級〇，例如行銷、產品開發，以及或許有些諷刺的是——企業策略。

進展到等級一時，已經有了些流程定義和最終成果的可預測性。不過，還不是非常清楚子流程的成果是什麼，反而有時候是流程啟動，最終成果就產生了。我見過有企業的招聘流程就是這樣進行：一名招聘經理填寫申請單，送給人力資源部。接著，看似隨機的應徵者通過混亂的面試，最後補上了這個職缺。這樣的流程需要大量的人工監督，而且過程常有例外，因為成果相當模糊不清。

此外，這類流程是由有限的市場供應，因為運作方式沒有清楚界定，也不利於重複。如果回到招聘的例子，企業常常將高階主管招聘工作外包給獵人頭機構，這些機構憑仗他們專有的技能知識、流程、人名清單，找到適當的候選人擔任職位。

到了量子化等級二，企業明確界定流程，並合理清楚地界定流程成果。這樣的流程已經可以外包，也是多數外包產業目前的最新做法。許多公司將員工薪資處理、招聘流程、資訊科技支援服務、顧客關係管理流程完全外包。在這些流程市場中，是將整個業務流程外包，而不是子流程或個別業務成果。發包方付出代價，收到清楚明確的最終結果，但對承包方產生最終成果所採取的中間步驟並不清楚，甚至一無所知。

在等級二，發包方以及承包方定期檢討流程績效報告，而承包方若沒有達到合約規定的服務程度，通常會受到懲罰。這種被動式監督，在此類關係中頗為常見。這裡常見的還有臨時突發的例外管理，也就是承包方在例外發生時單獨收取處理費用。這幾乎是業界的標準做法。

到了等級三，流程不僅清楚界定，本身也量子化了。這時候，流程的步驟已經清楚掌握，並創造可預測的結果或成果。事實上，這種階段式成果很多已經可以「封包」，接著外包。

例子之一就是承包資訊科技服務支援的公司，這種公司可能將應答電話的流程充分封包，將打進來的電話轉到外面的承包商，而不是內部員工。一開始，這種公司可能依照這種做法，拉平電話量的變化，但是時間一久，這種封包成果的外包商會接手所有電話量，因為這種做法比利用內部員工處理電話更便宜，也更有效率。有些承包方會這樣調整現有的業務模式，改善自己的獲利能力。

因此，等級三顯示業務成果有部分量子化，而且得到好處的大多是承包方而非發包方。將封包成果轉包出去，必定需要承包方主動監督，因為生產出一定服務程度的結果依然在合約規定裡。因此到了等級三，是主動監督，而不是被動監督。最後，承包方應該完成例外管理，只是必須在工作封包送給下游的承包商之前，先將例外找出來。這類例外在最初的發包方是看不到的，完全是由第一層的承包方處理。

到了第四級的量子化，最初的公司，也就是發包商，恢復對先前全部外包的流程控制權。這時候，由於公司將自己的流程成果封包，可以將流程片段外包，因此能收穫到原先等級三中承包方獲取的效率利益。這是有可能的，因為到了等級四，已經發展出業務成果新興市場。企業有市場可以將分散的小工作外包，交由專精該業務成果的個人或機構完成。

二〇一三年以後，天天都有許多這類機構冒出來，例子有 1800Accountant 以及 Legal Zoom。誠如這些例子所示，這些市場提供的服務，很多原本是由高度差異化的白領專家，根據使用者付費的原則執行的。為了自己使用而建立這些市場的流程承包方，在顧客達到量子化第四級時將遭到去中間化，導致早期業務模式成功的承包方快速終結。

等級四的另一個特徵，就是流程的監督將開始變成預測性。使用成果市場的公司將能充分控制自己的流程，而且有許多數據可供分析，他們能預測自己未來的服務需求。利用這種先見之明，可在供應商的市場上取得更理想的價格，進一步推升流程效率和效益。

等級四的企業開始在自己的流程出現例外時，出手干預。未來的例外將能立刻辨認出來，而管理每個例外的規則在判斷出來後立刻執行，因此每個例外都能正常處理。等級四的量子化大概是不久之後的事。我們尚未達到，但很快就能朝那個目標邁進，而且應該會看到成果市場加速成長，並在二〇二〇年代漸漸支配許多經濟領域。

量子化乃至於外包，正快速朝等級五發展。到了等級五，成果市場將成熟到非常發達，而且有許多競爭業者。我們將從預測性監督轉移到預測性協調，也就是每個流程的基本成果以最大效率分包給工作者，因此，每次業務都盡可能迅速、正確完成，而且花費不多。挑選每一個脫穎而出的承包商，都是由好幾個因素來決定，而這又因為不同業務而差異頗大。這種協調對整體業務效率十分重要，將成為競爭差異化的關鍵。在等級二到等級四能夠成功的承包商，假使能夠順利過渡到等級五的量子化，也許能自我再造成為優化協調工具的開發商。

最後，到了等級五，我們會看到市場發展出專精管理流程例外的現象。這將是技術十分純熟、教育程度高、經驗豐富專業人士的新版圖，而他們將因為這些技能而供不應求。這也是如律師、會計師以及工程師等專業人士的新疆域，這些人可以處理靈活有彈性的自動化流程無法解決的疑難雜症。這類例外老是會出現，而且隨著流程自動化透過分析學習而更加成熟，例外也會變得更棘手。

當然，業務流程量子化也將驅使企業產生的數據顯著成長。一旦開始將量子化的工作外包，就是將業務流程與多種成果市場整合，即使沒有百種，也有幾十種；而每一個市場各自有諸多潛在供應商，沒有上百萬，也有幾千個。協調這些活動，需要在你的組織和供應商網路之間轉移非常大量的資訊，包括啟動業務執行，還有協調他們完成工作交付。

然而，業務不斷加快將持續推動外包市場，而量子化是企業在這種策略之下成功的必要步驟。我料想，只有適當投資時間與精力，真正了解流程如何運作，並建立衡量成功運作的必要標準，這樣的企業才可能有效利用外包，達到策略性優勢。

● 建立突破性績效的流程再造

一、觀察公司近期的變革，因為這關係到流程再造。如果你的業務流程有極大比例在過去五年沒有經歷大型的重新評估與重新設計，那就應該將這些工作列為優先要務。目標是達成突破性績效改善，而不是漸進式增長。

二、過了二〇一三年，直接服務顧客或是物流相關業務流程，運作程度至少應該達到量子化等級三。如果沒有，要開始規劃，盡快達到等級三。支援性業務流程，例如人力資源及財務，落後這個轉移時間表不應該超過六個月。

三、將整個業務流程外包時，要留意市場是否已發展到供應商可以代替你交付那些流程片段。隨著市場發展，應該計畫將部分業務量子化，轉移到這些市場，去除中介的外包供應商。

10. 應用化

提供比完美更重要的即時滿足

我在企業軟體相關領域工作超過二十年，看過許多趨勢來來去去，許多科技興衰起伏，卻從來沒有看過像行動應用程式，或稱應用程式，能引起如此快速又劇烈的改變。雖然在二〇〇八年蘋果推出應用程式商店之前已經有些例子，但的確是蘋果在自己的新智慧型手機引進開放軟體平台，才讓我們投入一個應用化的新生活方式。

當然，蘋果並不是第一家引進這種模式的公司，但可以說是這種經營手法的最大供應商，尤其是在消費者領域。應用程式的影響，改變了過去幾年的科技使用路線，並將徹底改變使用者對未來所有軟體的期望。事實上，應用程式商店極有可能以賈伯斯（Steve Jobs）最偉大的創新而留名青史。

應用程式及其在行動運算的地位，有一個早期副作用，就是急劇縮減使用者的注意力時間。行動連結、社群媒體，以及無限取得資訊所提供的立即滿足，使得整個社會極度缺乏耐性。我們可以把這想像為社會的「應用化」，也就是我們所有心血來潮的念頭，都可以從立即下載兩美元的應用程式得到解答。隨著這股趨勢發展，唯有能回應的公司才能存活。

拜這股立即滿足的影響之賜，消費者現在期待每個需求都能迅速得到解決。這些解決辦法很多可能相當基本——這也沒關係，只要迅速又不貴，足以填滿當下的短期需求即可。如果可以，就可能成功。事實上，這似乎是目前應用軟體的現況，因為那些公司正在初步試探，進入這個以使用者為中心的運算新世界。現在不難看到高達幾千家公司推出的基本應用程式，各個都提供使用者一些切身相關的資訊，或是執行一些基本業務工作。更新使用者帳戶資訊、查股價，是這類功能的簡單例子。

另一方面，解決各種難題的辦法可能進入消費者的日常生活，並成為他們與世界互動的重要部分。Google Maps 在二〇一二年從 iPhone 中移除引發的騷動，主要是因為它已經是深入使用者生活的免費應用程式。依賴程度是蘋果企圖取代 Google Maps 的部分理由，也正是為什麼蘋果會引發如此強烈的反彈。

從九〇%用過即丟的應用程式，找出關鍵的一〇%

如果你使用智慧型手機，可能很熟悉這種新典範。你可能下載幾十種應用程式，不管是免費，還是只要花幾塊錢。如果你和大多數應用程式使用者一樣，也許下載的新應用程式有九〇%使用壽命短得驚人。你可能在剛下載的時候使用幾次，接著就完全不再用了。它們要不是能達到用途，要不就是根本無法引起你的注意。不管是哪一種，下載應用程式的一週內，你可能就再也不會去碰它。這進一步證明，顧客未來購買的許多解決方案是用過即丟。

如果下載的應用程式大約有九〇%對你不是太有用，那剩下的一〇%你會覺得沒有它們就活不下去。你可能幾乎每天使用那些應用程式（例如Google Maps或臉書），而且有各式各樣的日常活動都要仰賴它們。這些應用程式迅速抓住使用者的注意力，並提供充分的價值讓使用者回頭再用。這些應用程式特別有黏著度，而且占據顧客大量可牟利的專注時間。所有公司的目的都是創造出屬於這關鍵一〇%的應用程式，而不是商品化的那九〇%。

應用化趨勢還有另一個有趣的地方：我們越來越能容忍不完整的解決方案，以及它們持續不斷的更新。如果你的智慧型手機安裝了應用程式，肯定相當習慣了。幾乎每天，起碼有一個應用軟體更新等著你下載，可能是修正應用程式的功能性漏洞、改善應用程式的效能，或是增加功能。無論如何，這樣源源不絕的更新或升級，就是軟體公司經營的全新方式。

過去，企業會設法在每次發表產品時，以相當完整的型態解決顧客的問題。使用者非常期待購買的軟體運作十分正常，而且沒有漏洞。軟體開發商花費幾千個小時測試並確認應用軟體，才會發布到市場上。

這種做法已經快速過時。現在的趨勢是針對顧客的問題或需求，快速發表不完整的解決方案，之後再不斷調整，尤其是回應顧客的即時意見回饋。顧客欣然接受這種反覆不斷的運作模式，也預期會有這種時時升級的過程，而且最重要的是免費。因此，各種企業都必須改變業務模式，配合這種新期待。而這又是應用化另一個有趣的影響：使用者容忍不完整的解決方案。只要一開始買進的價格便宜，而且知道會迅速且穩定地陸續改善，他們就能容忍這種不完整的應用程式。這是軟體開發的新常態。

─軟體開發革命：從「大而全」到「小而巧」─

應用程式的支配地位日益擴大，導致許多使用者背棄從一九六〇年代以來，主宰企業運算的完整、複雜的大型應用軟體。這些企業級軟體應用，有時候又戲稱為廢物應用軟體（crapplication），難用又僵化。它們通常可以橫跨好幾個業務流程運作，產生多種業務成果，它們提供的體驗正好與應用程式完全相反。有越來越多使用者拋棄這種大規模系統，因為使用者有更為理想的日常體驗。

生產這些大型完整應用軟體的公司，大多以建立自己的應用程式來因應，只求能與顧客拉近關係。這些初步嘗試將企業軟體應用化的業者，許多都進行得不太順利。畢竟，這些公司是靠建立大型、複雜且必然昂貴的應用軟體而致富。建立小型、簡單且不貴的應用程式來達成相同的業務目標，和他們的整體業務模式完全相反。

不過，應用程式威力強大，又創造那麼大的顧客拉力，這些公司做這種轉變可能只是為了求生存。此外，分解大規模企業軟體的功能，類似我們在第九章討論的業務流程量子化，以及第十一章即將討論的業務雲端化。隨著越來越多的顧客轉移到這種業務經營方式，大規模軟體業者也必須跟進。

下一波「管家型」應用程式的誕生

未來十年的一個巨大商機，將是創造管理其他應用程式的應用程式。顧客已經疲於應對應用程式（不管是iPhone還是安卓手機，這兩種最普遍的平台都有將近一百萬種應用程式，而蘋果的應用程式商店在二〇一三年更創下超過五百億次下載），許多應用程式提供相同的功能，只是鎖定個別公司或業者。舉例來說，我使用兩家地方性連鎖雜貨店的兩種不同應用程式，以功能來說，兩種應用程式一模一樣，而我提供給應用程式的數據也相同，好讓他們追蹤我留下的紀錄。兩種應用程式唯一的差別就是品牌，以及公司提供的優惠。

隨著使用者下載及接觸越來越多的應用程式，將越來越難保持所有應用程式時時更新使用者的最新資訊、偏好和其他資料，而這又導致管理應用程式的需求增加。使用者必然會期待自己喜歡的應用程式能熟悉自己，並做出相應的行動。越來越重要的就是，這些應用程式要知道使用者的生活什麼時候出現變化，也就是「情境」的變化。這個新的應用程式家族將記錄這些變化，並自動更新其他應用程式。

因此，使用者將會開始尋找應用程式，來幫忙管理他們最常使用的應用程式。能有效提供這種服務的應用程式，將得以在它們促成的價值鏈兩端都收取高價。這種應用程式的市場可能很快就會出現，而早期進入這個領域的業者，可能是市場的下一個「殺手級應用」。

我不想低估這類情境管理的極端困難度。只要涉入過整合大規模企業資訊科技系統，如ERP或CRM，都看得出整合幾十種、甚至幾百種應用程式的數據模型之困難。不同的應用程式建立在不同的數據模型上，甚至連相同的數據如地址、使用者帳號或州別等，都使用不同的名稱。

不過，這類整合性應用軟體（或許可稱為管家應用程式，Concierge App）好處極多，因此過去不得滿足、卻又極度渴望這種功能的需求，勢必大到催生出這種應用。這些管家應用程式將大幅簡化使用者的智慧型手機體驗，也可以顯著提高從中得到的價值。

管家應用程式將管理我們日常生活的事件，例如更改地址，並讓其他應用程式知道這些變更，以維繫和我們的關係。管家應用程式將管理我們在這世界上的情境脈絡：讓應用程式知道我正要去夏威夷渡假，因此樂意接受有關夏威夷優惠的行銷等等；知道我最近在臉書上交的朋友，下星期過生日；同時委婉地提醒我，他們喜歡的慈善團體收到以他們的名字做的線上小額捐款。管家應用程式將使得在應用化的世界悠遊更輕鬆一些，管理自己的情境也更加透明。

管家應用程式的重要目標，就是管理我們接下來將承受的、持續增加的精準行銷訊息洪流。二〇一三年，我通常每天會收到酷朋十來個優惠交易，亞馬遜的數量也差不多，還有eBay的十個交易通知，其他網站則有超過六十種別的優惠。因此，我每天差不多會從大約十來個不同網站收到一百種優惠。這些優惠交易很少是情境化的；他們不知道我在這個世界的時空背景，他們只是根據我的喜好或過去的行為提供優惠。

不過，情境化正快速成熟，而大部分的人在未來四到五年將遇到情境化的訊息。出現這種情況時，每個人體驗到的訊息流量可能增加兩、三個數量級。舉例來說，如果你一天中的每分鐘都代表一個對你銷售的情境化機會，那麼，每天每家公司差不多就有一千五百個銷售機會。因此，如果你積極在線上跟十幾家公司交流，可能讓自己每天都接收到幾千個銷售提議。如果你認為現在已活生生被數據淹沒了，那還只是剛開始呢！

情境化的影響正是為什麼管家應用程式不僅令人嚮往，更是數位時代生存的必要條件。這種應用程式將掌握你的喜好和興趣，並將應用程式認為你會感興趣的訊息和交易轉達給你。它還將了解你對什麼不感興趣（這可能更加重要），並婉拒這些提議。此外，這些提議若有重疊，管家應用程式會自行代替你展開協商：讓一家本地咖啡店跟另外一家競爭，讓你下次買拿鐵咖啡時能夠拿到最佳優惠。

應用化成熟度模型的五個等級

應用化成熟度模型顯示在圖10・1。一開始自然是從等級〇起。這時候，你的企業沒有應用程式的蹤影，因此，你在二〇一三年全球約二十億智慧型手機用戶眼中是隱形的[1]。根據對未來四年的行動商務成長預測，這可不是令人滿意的處境。所以，我們就往上來到等級一，開始和顧客互動。

在等級一時，我們可以透過顧客智慧型手

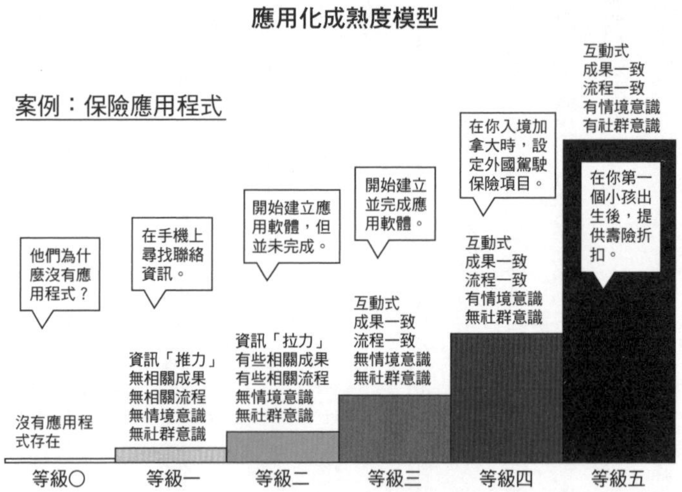

圖10・1　應用化成熟度模型

機的應用程式，將資訊推給他們。這和顧客在第一代網際網路時體驗到的完全相同：我可以取得靜態的數據，例如《今日美國報》（*USA Today*）應用程式上的新聞報導。這些應用程式是簡單的入口，可進入由程式主人挑選發表的資訊。這類應用程式相當「笨」，令人想起網際網路最早期的時光——完成推出內容就是全部的目的。它不會參與任何一種業務流程，也不會產生業務成果。當然，這種應用程式既沒有情境意識、也沒有社群意識，就只是提供資訊。

到了等級二，我們達到了內容鎖定（content targeting）的程度，也就是使用者可選擇自己要接收哪些內容。這就是內容「拉力」，也是這個程度的應用程式基本特色。例子之一大概就是weather.com，只要在應用程式輸入特定地點，就能得到這個地方的天氣狀況。更先進的等級二應用程式可能還會讓使用者啟動業務流程，或是創造業務成果，例如更新聯絡資訊或下單，之後在離線狀態下處理（就像很多金融服務公司設計的應用程式）。等級二應用程式做不到的，是推動業務流程或成果自行完成。這需要一定程度的外在助力才能完成工作。就像等級一，等級二沒有利用到情境或社群資訊。

等級三的應用程式比等級二更有充分互動。我們這時候不只可以啟動業務流程，還可以看到流程進行到結束，順利的話只需要幾秒鐘。許多企業對消費者（B2C）公司都有這類應用程式。這種應用程式可以讓人購買、付帳、追蹤送貨等等。等級三的應用是以業務交易為目的，可以執行多種基本商業活動。不過，這些應用程式同樣對情境不靈敏，也沒有社群意識。它們執行業務工作，但在執行期間不會套用任何情報或分析。

進步到等級四後，我們開始有變聰明的應用程式。這類應用程式有情境意識，會辨認我們的時空定位，並利用這些資料客製化使用者體驗，最簡單的例子就是蘋果或Google的地圖應用程式。如果你在這兩種地圖應用程式進行搜尋，但沒有明確指定心中所想的地點，應用程式會假設你在尋找當下的鄰近地區、當下的情境，並提供符合這個情境的結果。因此，如果你只是在地圖應用程式搜尋「加油」，它會告訴你目前位置附近的加油站。同樣地，有些航空公司應用程式知道你什麼時候報到，並顯示你在距離這個時間最近的訂位紀錄。等級四的應用程式方便又聰明，已開始利用行動運算平台的優勢。本質上，等級四的應用程式有情境意識，但還是沒有利用到社群數據，根據我們的喜好客製化。

這就引入等級五應用程式的重大進展：它們有社群意識，會根據我們的喜好、人脈，以及其他社交標準而運作。這種應用程式知道我們偏愛印度菜，有艾克森美孚（Exxon Mobile）加油站的會員卡，或者我們是某個球隊的粉絲。這些應用程式從我們在臉書、推特等其他社群平台的互動得到資訊，結合我們目前的情境，提供客製化選項供我們選擇。等級五的應用程式目前是我們所能達到的最高程度，只是這個等級內還有諸多功能可能性，就看它們能利用情境化與社群化到什麼程度。

結合開車行為預測的保險應用程式

現在，我們快速看過一個應用程式經歷成熟度模型發展的例子。假設有一家保險公司打算為行動客戶推出新的應用軟體，在等級一時，該公司只是設法將數據推給顧客，所以最初的功能可能是詳細列出公司的保險產品與服務，或許還提供一些有用的聯絡資訊，例如顧客服務電話號碼以及電子郵件，可能還有最近的經紀商或辦事處地點與聯絡資訊。

隨著應用程式進步到等級二，開始讓顧客和其他企業系統互動。因此，它可能會讓我更新帳戶資訊、詢問新的保險項目或加保項目，以及與其他保險公司比價。應用程式甚至可以讓我申請其中一張保單的理賠，只是不能完成整個流程。這種等級二的應用程式提供更大程度的顧客互動，包括啟動基本業務流程，但不見得能讓我只靠應用程式就完成。

到了等級三的保險應用程式，變得更有智慧，也和業者的業務流程進一步整合。這時候，應用程式不僅能開始業務流程，還真的能讓我只透過應用程式就完成業務流程。因此，我不僅可以詢問新的保險報價，還可以只透過應用程式建立新保單，並開始承保。如果我要申請理賠，不但可以提出申請，還可以看到流程完成。我甚至可以透過應用程式的電子轉帳，收到該公司付的款項。到了等級三，應用程式開始對顧客及公司實現真正的價值，因為它簡化了彼此的互動。

等級四的保險應用程式有了情境意識，而且以保險公司的應用程式來說，可能開始有點令人毛骨悚然了。許多保險公司會為不常開車的汽車駕駛提供保險折扣，因此，或許等級四的應用程式會直接和我們的智慧汽車溝通，如此一來，如果我在特定期間內的里程數低於一定的門檻，保費就能得到減免。反過來，我的智慧型汽車可能通知應用程式，我有點喜歡開快車，偶爾還會超速，應用程式可能就會警告我，如果繼續這種行為，保費可能會調高（這可能不是太受歡迎的特點）。

我用前面的例子，是因為它提出了一個情境化的重點。對公司來說，最強大的情境化功能，可能非常不受終端用戶歡迎。公司在推行之前，要確認新功能是否能為顧客所接受，這一點很重要，因為一旦應用程式推出，要是不受歡迎，傷害也已經造成。

最後到了等級五的保險應用程式，已經意識到顧客的社群關係。因此，如果顧客在臉書上宣布剛生了一個小孩，應用程式可能會提醒他們要買壽險；如果真的買了，會給他們折扣。另外還提醒他們將新生兒列入現有保單的受益人之一，諸如此類。

另一方面，保險應用程式可能會注意到我在線上買了一輛新車。在我搜尋的時候，應用程式可以記錄我覺得有興趣的那些汽車，並讓我知道這筆採購對我的保費有什麼影響。此外，我可能需要讓應用程式接觸到我的情境數據和社群數據，以便在這方面和我互動，但這主要是等級五應用程式的範圍——既有情境意識，又有社群意識。

邁向應用化的趨勢，迅雷不及掩耳地襲擊市場。唯一比應用程式進入市場的速度更令人意外的是，市場採用應用程式的速度。種種跡象都顯示，應用化將持續主宰軟體開發界，而且許多傳統軟體公司現在都努力將大規模、複雜的應用軟體，塞進這種新的消費模式。幾乎可以確定軟體巨擘將轉換到應用化，只因為這種轉換將決定他們的長期成功。因此，我們可能有越來越多的休閒和商業活動，將透過智慧型手機上的應用程式進行，加深我們對這些裝置的依賴。

隨時為應用程式注入活水

一、檢討公司目前的應用軟體開發流程。儘管大多數的資訊科技部門還在使用傳統的「瀑布式」方法進行應用軟體開發，但市場領導公司正快速採用所謂的「極限編碼」(extreme coding)或「敏捷開發」(agile development)，以便更能回應顧客需求。應用化將迫使業者大幅縮短軟體開發週期，儘速採用這些更新穎的技術。

二、確保你的軟體開發商和顧客之間，有開放的意見回饋機制。由於應用化，顧客對你的應用程式有哪些好壞，並不會羞於啟齒。要推動快速的創新週期，軟體開發資源必須和顧客緊密結合。

三、應用程式不應該只專注在直接服務顧客的活動。應用程式反而應該、可以、也將同時自動化，並簡化企業與供應商、合作夥伴和顧客之間的互動。務必確定公司正尋求將應用化的技術，套用在業務生態圈的其他要素。

四、應用程式的壽命極為短暫。要準備每月更新應用程式，並且每年淘汰與替換。如果你的業務不能適應這個速度，可能就會落後。

五、管家應用程式將是應用程式市場的一大驟變，也是應用化繼續發展的重大關鍵。管家應用軟體尚未出現，但應該不久後即將到來。仔細留心這些應用程式，一旦出現，要儘早採用這種科技。等到這些應用程式開始成熟，消費市場的採用速度將使得推特相形見絀。

11. 雲端化

傳統價值鏈崩解，五〇％流程拋上雲端

第五章談到了現在正夯的雲端運算，許多企業都已經開始或是正在規劃，要把他們的資訊基礎建設外包搬上雲端，因為這樣不僅可以節省營運成本、提升效率，還能夠使用更彈性、更能回應企業需求的資訊基礎建設服務。因為上述這些好處往往帶來服務的商品化，所以，未來會有更多企業想要把資訊架構外包，交給商品化的雲端服務。

但是，要順利把資訊架構和業務搬上雲端，企業也需要能夠監管這些外包的業務；然而，既然這些工作已經外包出去了，企業內部的監管人員多半管不著，也無法用傳統方式監督。因此，隨著越來越多組織採用雲端服務，雲端業者也會開始提供大量的監管資訊給業主。這其中包含了管理和營運的各項數據，它們增長的速率和方式，也會跟消費者資訊暴增的模式相仿。

當企業掌握了越來越豐富的營運數據，就會越清楚自己的各項業務需求，更優化自己的

商業模式。接著，當企業因此能開始精準預測自己的商業需求，進而把商業模式標準化之後，下一步就是要再把各項業務，外包給各領域的專業管理組織。因此在二〇二〇年之前，這個已經非常強大的外包產業，將會持續經歷雙位數增長。市場研究機構顧能甚至預測，雲端市場產值會在二〇一五年超過一・一兆美金[1]。

隨著許多企業營運項目越來越標準化，組織內部的價值鏈中會有越來越多的環節，可以使用商品化的服務，像是人資、薪資管理、收帳等業務。在不久的將來，物流、出貨和客服等業務也都能比照辦理。但同樣地，把上述業務外包，就會需要蒐集、分析和處理大量的企業營運數據，才能讓各項流程越來越穩定，越來越不需要費心管理。這種把業務外包、使用雲端服務來滿足商業需求的模式，就是雲端化。隨著越來越多企業不斷把業務流程切割成許多子項目（量子化），企業就能透過第三方的雲端資源，來迎合業務需求。

傳統價值鏈的崩壞：服務商品化與日漸茁壯的外包產業

隨著企業把越來越多的業務分工化、外包、使用商品化服務，我們發現組織內部的價值鏈也會慢慢崩壞。如果外包業者能夠以更便宜、更有效率的方法為你完成任務，那麼你一定會為了提升組織競爭力，而把這項業務發包出去。

過去已有許多組織會把在價值鏈上較低階、較無差異性者，外包給第三方業者去做，而這種做法在未來幾年則會在價值鏈中向上延伸。企業為了滿足供給和需求這兩股市場力量，會把越來越多的業務外包出去，以拓展營運範疇並提升效率。這樣的商業模式在未來一定會成為主流，許多公司會把大部分的業務外包，只留下關鍵業務讓內部員工操作，像是產品研發、行銷、廣告等產業也會保留生產這一環，但是其他的業務大多都會外包處理。

中階主管大逃殺：服務業的崩盤

雲端化的發展有個可怕的副作用，就是許多企業的中階主管會變成組織裡的冗員。外包之所以能夠提升效率，就是因為企業可以因此精簡勞力，不再需要許多管理階級來監管業務、呈報進度，或是舉行無數籌備及回報會議。上述工作多半由中階主管負責，而從上個世紀開始，成為企業中階主管也是數百萬勞工的職涯目標。但在今日這種仰賴雲端服務與大數據的商場上，中階主管們不僅變成了冗員，甚至成了企業進步的絆腳石。因此在二〇二〇年之前，我們會見證到一場中階主管的大逃殺，他們會紛紛因為企業想要提升競爭力和業界優勢而被裁員。

許多年前，我有一位好朋友在一家大型銀行擔任資訊顧問，設計一套能夠將多項內部流程自動化的軟體，讓許多銀行的交易程序都能標準化。雖然軟體的主要功能就是要把所有業務自動化，但是銀行主管卻要求他在軟體中寫入許多需要人工複查的步驟。他這才發現，加入人工複查的主要原因，只是要確保中階主管還能夠有些事做，不會失業。我的朋友知道，如果他寫的軟體運作順利的話，那麼成千上萬的銀行員工都會成為不必要的冗員。

時間快轉到二〇一三年，他的預言果然成真了。銀行業和其他許多產業，都因為過去二十五年來的業務自動化發展，而裁撤了大量中階主管職位。下列是二〇一一年到二〇一三年間，金融界裁員的數據[2]：

- 巴克萊銀行（Barclays Bank）：兩千到三千五百人
- 花旗集團（CitiGroup）：一萬一千人
- 美國銀行（Bank of America）：兩萬人
- 瑞士信貸集團（Credit Suisse Group）：三千五百人
- 德意志銀行（Deutsche Bank）：一千九百人
- 高盛（Goldman Sachs）：一千人
- 滙豐銀行（HSBC）：兩萬九千三百人
- 摩根大通（JP Morgan）：一千人

●摩根史坦利（Morgan Stanley）：一千六百人
●瑞銀集團（UBS）：高達一萬人

被裁的員工當然不只這樣。這些公司當然也沒有承認大舉裁員是因為組織內部採用了自動化的系統，通常只說公司已經不再需要這些職位了。那麼，為什麼明明公司之前還需要這些職位，現在卻不需要了呢？或許是公司營運規模不如以往，所以需要縮編？但是如果分析這些公司的財務狀況，你會發現其實不然。這些企業在精簡人事之後，因為壓低了營運成本，財務狀況反而更健全。

企業各項業務的自動化，讓許多員工顯得很多餘，尤其是在業務與資訊密集的銀行業。隨著各項業務實施自動化，就越來越少員工需要處理業務，但是在精簡人力的同時又不能犧牲客戶服務的品質。在有些情況下，精簡人力反而會提升企業服務品質（如之前所提的中階主管例子）。假設裁撤的都是生產力低落的員工，那麼在裁員後，企業中每位員工的平均生產力就會上升，整體的業務品質也會提高。

企業中的非核心業務都適用這種做法，像是人資、會計、物流、客服等等都可以外包。只要外包公司能夠提供更便宜、更有效的服務，那麼這項業務就不應該留在組織內部操作。業界的激烈競爭會讓外包越來越必要，過去許多企業中的職位也會快速消失。而這些員工則必須帶著自己的技能投身外包產業，這個產業也會在未來漸漸茁壯。

從漢堡王到百視達，自動化的爆炸性衝擊

雖然早在一九九〇年代，很多企業就已經逐漸採用許多自動化的業務流程，但我相信這都只是開始而已。我們在第一到第六章所提到的種種趨勢，以及企業對效率和速度的需求，在二〇一〇年代以後，一定會讓商業流程的自動化更加普及。

如果你在過去幾年間搭過美國航空（American Airlines）到亞特蘭大（Atlanta）機場，那你應該知道那裡的航廈有家漢堡王（Burger King）。這家漢堡王有個我在其他速食店很少看到的特點：自助式點餐（雖然現在自助式的速食店已經越來越多了）！點餐的方式也很簡單，只要站到電腦櫃檯前，先按你想要的餐，再來看看要不要客製化你的餐點（多加點酸黃瓜之類的），最後按送出就可以了。這家漢堡王還是有個真人負責收錢，但是我也看過其他分店連付款都是自助式的。點完之後只要幾分鐘，幫你製作餐點的人就會把食物送到你手中。顯然，漢堡王還沒有把製餐的流程也自動化。

現在回想起來，自助點餐的過程其實讓人很滿意。點完餐很快就拿到食物，中間沒出任何差錯，不需要幫服務生算到底要找多少錢。我參與了這個自動化流程，雖然自動化取代了

真人服務生，但是我的用餐體驗卻沒有打折。點餐取餐的速度比以前快、可以自己客製化餐點，漢堡王不但可以節省人事支出，還可以蒐集更豐富的客戶資訊，而好處當然也不只這些。讓我驚訝的是，漢堡王居然沒有把這種自動化流程套用在更多餐廳上。不過現在水漲船高的最低工資，應該會加速這股自動化。

這股市場趨勢顯示，自助式的商業模式在未來會變成主流。思科系統公司（Cisco）在二〇一二年做了一項調查，發現六一％的受訪消費者表示，他們買東西的時候比較喜歡使用自助式結帳櫃檯。許多企業也趕緊推出迎合消費者喜好的服務：在美國，有上千家百視達（Blockbuster）電影出租店，現在已經被「紅盒子」（Redbox）自助式租片機取代了。這些租片機通常都放在大型超市裡，而這些超市裡也都有自助結帳櫃檯。其他零售業者像是沃爾瑪、家得寶（Home Deport）和勞氏（Lowe's）這些大型超市和家居用品賣場，也都提供消費者自助結帳的選項。我們在消費的過程中，越來越不需要與人接觸了。消費流程不但自助化、自動化，還會變得更快速、更精確。而且智慧型手機和其他個人行動裝置也會開始幫助我們消費，讓我們用這些裝置完成交易，到時連結帳櫃檯都會顯得多餘。種種自動化所帶來的好處，會讓消費者擁抱、並加速這項趨勢的發展。

把所有煩惱都拋上雲端吧！

當企業的許多商業流程都採用自動化，並把整體業務分成許多項目時，這些業務也成了能夠外包出去的項目。自動化的流程會讓買家和賣家之間創造一層疏離感，因為如果接收訂單的過程完全自動化與分工化了，那麼，任何掌握自動化流程的人都可以接下訂單，只要能夠管理好業務數據，就能夠順利出貨。這就是為什麼我要在這本談數據爆炸的書裡，談雲端運算。正因為許多企業從一九九〇年代開始大量採用了自動化的業務流程，雲端運算才有可能蓬勃發展。另一方面，商業流程也因為使用了雲端運算，才會產生大量的數據。

我們在本書中已經談到了許多各式企業引用雲端運算的好處，包括能隨時根據企業需求，調整架構規模的彈性、速度，以及應對危機的高度復原力。那麼，既然雲端運算這麼厲害，為何不把這種概念繼續發揚光大，套用在組織運作的所有環節呢？業務外包其實就是雲端運算的延伸；這背後的概念在於，只要某項業務已經完全自動化、徹底標準化了，它就可以外包出去，讓別人來操作。只有那些具有企業特色、有別於一般同業的高度差異化業務，才值得由組織內部員工來操心。不過在企業內部執行這類關鍵業務的時候，也同樣需要引用自動化、標準化的流程來提升效率。

圖11・1的「雲端服務成熟度模型」和「量子化成熟度模型」有密切的關係。畢竟要使

用雲端解決方案，一定就要先把各項業務項目的價值做出區分。所謂量子化，就是把業務切割出來的過程，讓這個項目可以由企業外部資源來接手；而雲端化（cloudidication）就是實際把切割好的業務外包出去的過程。了解這兩者之間的關係後，我們接著就要檢視雲端服務成熟度的不同階段，並且探討不同的外包業務，能夠如何做最好的安排。

當雲端服務成熟度在等級〇時，只能處理單一的業務項目。不管業主的需求多廣多大，這個階段的雲端服務都只能滿足其中一項特定的任務。因此，這類的資源有時就較容易被忽略；就算有被用上的時候，也時常無法滿足業主的需求。

雲端服務成熟度模型

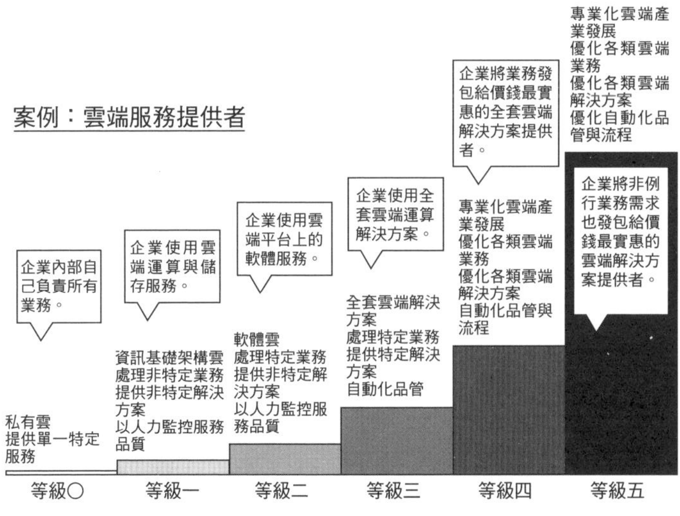

圖 11・1　雲端服務成熟度模型

在本世紀初的時候，大部分的雲端服務都處於這個階段。那時的電腦軟體多半是由特定的伺服器在支撐，提供運算能力與儲存資訊的服務。有些時候，某個伺服器所提供的運算能力可能遠大於它對應軟體的需求，不過因為這個伺服器是專門為處理此項業務所架設的，所以就算多出來的運算能力或空間很浪費，也沒有辦法調整。另外一種情形則是伺服器的運算能力或容量，不足以應付程式需求，那麼，業主就會因為伺服器無法負荷業務量及維持服務水平，而讓企業的聲望受到衝擊。

當我們今天在談雲端服務的時候，一般指的都是雲端運算服務，也就是使用雲端資源來進行運算和儲存資訊。但其實企業中幾乎所有業務，都可以用虛擬化和標準化的方式來處理，也因此可以雲端化。所以，如果以發放薪資這項業務為例，等級〇的雲端化服務代表企業的人資部門，已經使用了特定的伺服器在處理薪資發放作業了。而這個伺服器和相關的人力就只能用在薪資發放這個項目上，其他業務就算有需求，也無法使用這套資源。以這樣的定義來看，任何企業只要劃分出特定的資源或人力來處理特定的業務項目，就已經達成了等級〇的雲端服務成熟度了。

當雲端服務成熟度在等級一的時候，支持企業內部某項業務的基礎建設，已經完成虛擬化和標準化。也就是說，這項業務已經可以交由特定的幾部電腦來獨立完成。也因為已經完成了虛擬化，所以這項業務能夠交給雲端的資源來處理，已經不需要依賴企業內部資源了。

從一九九〇年開始，許多企業都已經開始達成這個階段的雲端服務成熟度。許多組織已經開始採用第三方所提供的雲端服務來處理他們的業務，但是即使已經採用了雲端架構和運算能力，這些企業仍然自己控管所有業務流程。這種情況點出了等級一雲端服務成熟度的兩個特點：首先，使用雲端資源不是用在特定的業務項目上；其次，以雲端服務的角度來說，處理業務項目的也不是特定的雲端解決方案。

除此之外，在這個階段，企業仍然使用人力來管理監控雲端服務資源。哪些業務需要搬上雲端、需要多少資源、該用哪類雲端資源等等問題，都是由了解此項業務的管理人說了算，而非根據自動化流程來決定。不過，直到二〇一〇年代初左右，雲端服務產業的發展大概就是處於這個階段。

而當雲端服務成熟度達到等級二時，企業除了使用雲端架構之外，也開始採用雲端提供的解決方案，也就是所謂的「軟體即服務」或是「平台即服務」。在這個階段裡，雲端服務提供者利用基礎架構或是軟體程式，提供虛擬化的服務，以滿足企業的業務需求。企業把已經分割出來且標準化的業務外包給雲端業者，而雲端業者也能隨著企業需求做些微的調整，提供一點客製化的服務。

不過，在這個等級的解決方案並沒有擴展的空間（像是在第九章所提到的量子化），因為這類雲端服務提供者所提供的解決方案是封閉式的，所以就算企業有需求，也沒辦法再請另一家雲端業者專門處理業務流程中的子項目。同樣地，這一級的雲端服務也需要動用人力，企業必須指派幾位行政主管來監管外包雲端的業務處理狀況。

今天的市場上，有許多雲端服務成熟度處於等級二的案例。最有名的應該算是擅長客戶關係管理服務的 Salesforce.com 和專精人資管理的 Workday 這兩家公司，兩者提供的都是「平台即服務」雲端資源。企業透過這類雲端服務，可以大大降低業務成本，並提升作業效率。如果硬要雞蛋裡挑骨頭的話，這類雲端資源的缺點在於，無法提供非常客製化的服務，而且也無法跟等級三的雲端服務接軌。

不過，這其實都瑕不掩瑜，這個階段的雲端服務非常熱門，業界龍頭甚至宣稱自己擁有上千家的企業客戶。Salesforce.com 身為此領域的佼佼者，從二〇〇〇年代中段開始，就達成穩定的業務成長（圖 11・2）。而且從各項市場指標來看，這股趨勢會一直持續到二〇一〇年代中期，市場才會隨著雲端產業的日趨成熟而慢慢飽和，市場也會出現去中介化，

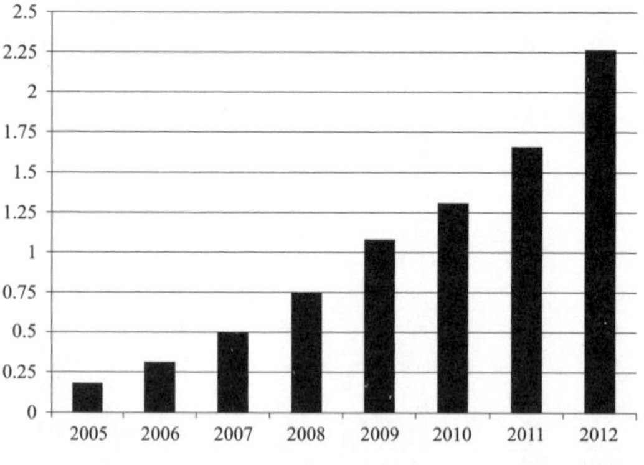

圖 11・2　Salesforce.com 年度收入（2005 ～ 2012）
資料來源：Salesforce.com 年度財報 [3]，單位十億美元

降低服務提供者的地位。

如同前述，雲端服務成熟度等級二和等級三的差異在於，等級三的雲端服務擁有擴充性，可以讓其他專精於某項業務流程的服務提供者，來分攤額外的業務需求。舉例來說，Salesforce.com 的解決方案讓使用者能夠建立客戶郵件列表，也可以把它匯出到其他文字處理軟體，像是微軟的 Word 等等，讓使用者可以建立群組信。而等級三的雲端服務提供者就可以接手這些匯出的資料，然後為客戶發信。美國印刷公司 Vistaprint 做的就是這樣的服務，不過因為它還是靠人力在監管業務流程，而非使用自動化，而且 Vistaprint 的郵遞服務沒有整合在 Salesforce.com 的解決方案裡，所以還算不上是等級三的雲端服務提供者。

像 Vistaprint 這類的公司，將來很快就會把服務的成熟度往上提升，因為這麼做，對客戶和企業本身都是雙贏的發展。當 Salesforce.com 從等級二進展到等級三的雲端服務時，他們的客戶就能夠同時與其他專業的雲端業者合作，這類業者也能因此受惠，而拓展在雲端市場上的勢力。所以我相信，Salesforce.com 和其他提供「平台即服務」的公司，應該會在不久的將來就推出這類的服務。

因此，對這類提供「平台即服務」的企業來說，其中一個關鍵發展策略，就是要搶先客戶一步，開展自己的業務範圍，與其他能夠提供支援的雲端服務業者合作，為客戶提供更整合性的服務。

接下來，雲端服務成熟度等級三和等級四的主要差異，就在雲端服務的市場中，每個領域是否都已經有許多競爭者了。以剛剛談到的 Salesforce.com 為例，能夠接手處理匯出郵件列表的雲端服務業者如果已經有很多家，那就表示這個區塊的市場已經算成熟了。

而在雲端服務的等級四，提供「平台即服務」的雲端業者，在解決方案的每個環節裡，都能夠找到專業分工的合作夥伴，而且每個環節都有各自成熟的市場區塊，能讓客戶挑選最適合的服務。在這個階段裡，平台業者的主要功用，就是協助客戶優化業務流程中的每個環節。所以，如果業者能夠順利整合價值鏈上的每一項業務，讓解決方案運作順暢，就能夠在市場上取得優勢。再者，隨著市場分工化，所以不管平台業者支不支持，提供不同服務的各個市場區塊一定都會快速發展。對平台業者來說，跟這些下游同業合作，才能夠確保自己可以繼續掌控解決方案中的每個業務環節。

最後，平台業者就會進一步把業務推向等級五。在雲端服務成熟度等級五時，所有業務流程都能夠依客戶的需求來個別打造。平台業者會根據客戶的喜好與要求，找出每個環節最適合的合作夥伴，打造完全客製化、最符合終端消費者需求、最符合經濟效益的解決方案。

就跟等級四一樣，這一層的雲端服務提供者也會鼓勵各個市場區塊的良性競爭，好滿足客戶標準商業流程內外的需求。舉例來說，有家公司想要把寄送客戶群組信的業務外包出去，但是又擔心每州是否在郵件隱私權上有不同的法規限制；這項不包含在解決方案之內的需求，也能透過平台業者來滿足，找到最擅長資安隱私權議題的律師來諮詢。

雲端服務的成熟度要從等級一提升到等級五，只需要花不到五年的時間，因為今日商界在演進的速度就是這麼快。雲端服務的轉型動力，一方面來自於外包業者想要開拓財源的需求；而在供給方面，許多因為自動化而失業的中階主管需要找尋新出路，也加速了雲端產業的發展。這些人才多半會成為不同專業市場區塊的自由工作者，承接符合自己專長與期望薪資的工作案件。這樣的職涯轉變對很多人來說可能很難接受，但是他們也可能會發現，這樣的工作其實更自由、更有趣。當然，只有時間才能夠證明這樣的預言會不會成真。但我相信，雲端產業的轉型與成熟，應該會在二〇二〇年之前就完成。

● 把價值鏈一半以上的業務拋上雲端！

一、你的企業應該把一半以上的運算和儲存業務放上雲端，而其中應該又有一半是外包給第三方的雲端服務業者。到了二〇一五年，使用雲端服務來處理業務的比重，應該要提高到七五％以上。

二、除了把基礎架構放上雲端之外，你的企業也應該開始把能夠外包給雲端業者的業務項目切割出來。只要能夠外包出去的業務，都應該放手交給雲端服務提供者去處理。而且在二〇一〇年代中段以前，你的企業應該就要把價值鏈上一半的業務都發包上雲端。

三、目前的雲端服務業者應該要往客戶的價值鏈上游發展，同時也要下游同業持續發展，以便之後能夠合作掌握價值鏈外包的業務。隨著雲端產業的發展，不同專業的市場區塊也會日趨成熟，那麼，採用雲端服務的企業就能夠在眾多服務提供者中，找到最適合的夥伴。因此，平台業者要積極扶植下游合作夥伴，才能夠創造雙贏的局面。

12. 物品智慧化

物品產生的數據，可能比物品本身的價值還高

今日許多企業，每天都接受大量的資訊轟炸，因此備感壓力。但是我們在前面幾章已經提到，雖然我們現在面對的資訊量這麼龐大，但若是要跟未來相比，目前世界上所有數據都還只是滄海一粟罷了。試想，如果現有的數據量以每年五〇%成長，那麼十年後，世界上的資訊量就將近是現在的六十倍左右。更糟的是，業界預測在二〇一〇年代左右，資訊的年增率應該是將近百分之百，而增長的速度還不斷加快。

因為「情境化」和「社群化」的出現，企業現在就必須管理由此而生的大量消費者活動數據。不過，當各企業正要開始釐清這些由人而生的數據之時，一股新的數據驅動力已經開始浮現了：生活中的大小物品。越來越多我們每日都會接觸到的物件，都已經開始變得有「智慧」了。科技的發展與應用，讓一些簡單的小東西也可以連網，跟網路世界做連結，融入全球的資訊網路中，參與智慧化的新時代。

這類智慧化的物品已經出現在許多高單價的商品中了，像是汽車、家電或高級住宅。它們也被用在更大規模的部署上，像是智慧電網、公路、交通指揮系統等等。我們在討論物品的智慧化時，一定也要用宏觀的角度來思考，生活中有哪些物件和系統，可以利用科技讓它變聰明。隨著雲端運算的成本逐漸下降，越來越多物品都會被連上網、參與物聯網的運作。這種趨勢也正在加速發展，未來會有許多我們意想不到的物品也會變聰明，用全新的方式跟我們在生活中互動。

舉例來說，現在已經有些飲料販賣機能夠自動監控存量，並且在庫存不足的時候自動通知總公司補貨。有些車款也已經可以讓車主在智慧型手機上遙控發動了。飛機也是一樣，包含難度高的起飛和降落，都已經可以完全交給電腦來操作了。

資訊業把這樣的過程叫做「物品智慧化」。隨著電腦運算越來越強大、成本越來越低，我們就更有動力把所有日常生活物品都變「聰明」。在全球的製造業中，這種做法已經非常普遍了。過去需要靠人力來完成的工作，現在多半都已經交給自動化、智慧化的機器來操作。這股趨勢也正在影響全球服務業，而這股科技革命會因為許多智慧型、價錢又實惠的科技產品普及，而讓許多人失業。過去許多需要人力來監控的業務，也都會由自動、自主的智慧系統接手。

消費者的生活當然也會跟著改變。許多日常生活物件，像是家電、汽車、住宅，都會變得聰明，同時也有自主管理能力。它們能夠自行運作，只有在需要人力關注的時候，才會通知我們。所以在不久的將來，當你在買新冰箱時，安裝冰箱的過程就會要你輸入自己的使用偏好，還要把它連上臉書，這樣一來，如果冰箱裡的牛奶喝完了，它就會透過臉書訊息通知你。市場上已經有這種冰箱了，而且還供不應求。

物品智慧化正在驅動新一波的網路發展，也就是「物聯網」（Internet of Things，IoT）普及。在這個網路當中，所有的智慧化裝置將會主導網路另一股數據增長。對想要提升營運效率和速度的企業來說，這種轉型會是一大助力。智慧型裝置可以自我監測並定期回報運作狀態，所以很顯然，它需要人力維修檢測的時間和成本，就會比傳統裝置低很多。

而智慧型裝置所創造出的大量使用者數據，則可以幫助企業進一步了解它們的消費者，來改善自家的產品和服務。物聯網已經開始在各產業投下震撼彈，改變舊有的經濟模式和價值主張。例如基礎建設中的智慧電表，就能夠時時調整優化送電的模式和流量；火車、汽車和飛機也都可以監控本身的運作狀況，並且針對發生的問題，在接受檢修之前就先自我調整。

但智慧型裝置也會提高消費者對產品的期待、並且降低他們對瑕疵品以及次級服務的容忍度。不過，既然這些智慧化裝置已經具有強大的除錯功能，這樣的期待也算是合情合理。如果企業能夠擁抱這股趨勢，好好利用隨之而來的數據，就能夠成為業界的領頭羊；消費者也會願意以較高的價格，來換取較穩定且優質的產品與服務。但企業若是墨守成規，不願意順應這股潮流，恐怕就會被邊緣化，且無法滿足消費者的需求，並阻礙企業的發展。

物品智慧化成熟度模型的五個等級

電子標籤（無線射頻辨識系統，RFID）在未來幾十年的發展與普及速度，將會主導物品智慧化的進程。物品智慧化成熟度模型如圖12・1所示。價值較高的物件，當然很快就會被智慧化，出現像是智慧汽車、智慧型家電和智慧型寵物用品等等物件。

但是，真正的革命會在電子標籤普及之後發生：電子標籤的價格會變得非常便宜，而我們日常生活中的所有物品，包含簡單的日用品，都會因此連上網路。舉例來說，除了剛剛提過的智慧型冰箱之外，冰箱裡所有的生鮮蔬果也都會有電子標籤、連上網路，造成我們生活的巨大改變。巨量的資訊會因此像龍捲風般向我們席捲而來，劇烈改變我們的消費模式、提升我們的生活品質。

一般人可能會認為，在物品智慧化的等級〇階段，所有的物品應該都很「笨」；不過，這樣的想法其實很落伍。因為其實只要東西上面有條碼（Universal Product Code，UPC，通用商品碼），就已經進入了「智慧化」階段了；透過條碼，商品就可以在價值鏈各個環節流通時被追蹤。

所以，我把這個階段定義為「物品交易智慧化」，因為當我們在進行物品交易、或通過不同供應鏈環節時，物品可以智慧的方式與外界互動。所以當我在超市裡買餅乾時，只要刷一下包裝上的雷射條碼，就能夠知道商品的基本資訊，商家也能同時記錄這筆交易。餅乾本身當然沒有智慧化，交易前後也沒有任何的改變，但是條碼卻能夠記錄它在供應鏈上地位的轉換（已售出）。從這個例子來看，你就會發現，我們的日常生活早就進入這個階段的物品智慧化了，所以，這也是我們評判智慧化成熟度的基線。

如果我們檢視等級〇的物品智慧化家電，以智慧型冰箱為例，它會備有通用條碼掃描器，只要使用者在將蔬果放入冰箱時刷條碼，就能夠記錄冰箱裡的庫存。這個階段的物品

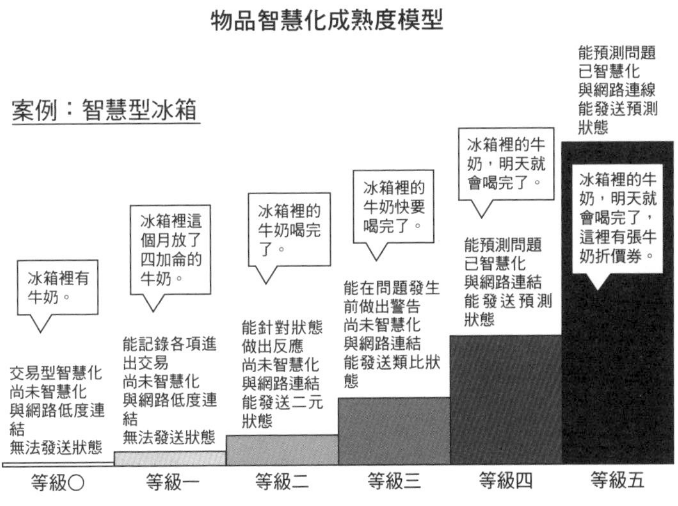

圖 12・1　物品智慧化成熟度模型

智慧化程度其實很低，冰箱還無法知道物品的容量和狀態（例如過期了沒）。這種智慧型冰箱內部各物品和網路的連結度都還很低。不過，這類型的冰箱已經比過去聰明一些了，所以分類在物品智慧化成熟度模型的等級○。

而到了成熟度等級一時，冰箱就更聰明了，它能夠透過內部的機制來知道牛奶的容量；這也可以透過跟智慧型回收桶連線來達成，只要牛奶罐從冰箱被移到回收桶，智慧型冰箱就能夠推測新的牛奶罐應該是全滿的狀態。

這類型的冰箱因為能夠追蹤記錄物品的進出交易過程，所以被歸在等級一。因為有這項功能，智慧型冰箱就能夠知道你的牛奶需求，例如每個月都喝四．二加侖。這類資訊不僅對你有幫助，也能幫助牛奶商家了解他們的消費者。不過，這個階段的物品都還沒完成智慧化，因為無法追蹤物品的狀態（像是過期與否），物品也未與網路連結。

到了物品智慧化的等級二，物件就開始與網路連結了。這個層級的智慧型冰箱知道你的牛奶是不是喝完了。它雖然還不能偵測物品的狀態，也就是還沒智慧化，但是已經能提供給你較實用的資訊了。這類型的冰箱能夠提供你二元的訊息，像是有或沒有、是或不是之類的資訊。例如冰箱會告訴你，優格、牛奶或是熱狗是不是過期了，或是庫存裡還有沒有柳橙汁或胡蘿蔔等等。所以這類的物件能針對問題做出反應，不過它只能提供二元、是非、有沒有這類資訊。所以雖然這種冰箱也還不算智慧化，但是它與網路連線的功能，可以提供使用者實用的資訊。

接著到等級三，冰箱就可以提供物品的類比資訊了。也就是說，它能夠告訴你，汽水還剩多少，或是乳酪還剩幾天會過期。冰箱提供的不再只是二元（是或非、有或沒有）的資訊，它能夠告訴你，物品處在什麼樣的階段。這種等級三的類比功能，讓冰箱能夠在問題發生之前就做出預警。它會告訴你，牛奶快沒了，所以要趕快去採購；或是警告你，三天前買的雞肉已經快要壞了，應該趕快煮掉。

不過，這些功能也都還稱不上是智慧化，它使用的只是先進的即時資訊傳輸功能。冰箱裡的每一層可能都內建有秤子，可以透過測量重量來分析牛奶還有沒有；因為冰箱知道你拿了什麼物品，也知道提取物品前後的重量，所以它就會知道牛奶什麼時候是快要沒有的狀態，然後發送簡訊或者是推文來提醒你快去買牛奶。

物品智慧化到了等級四，就真正進入了智慧化的階段。這個階級的冰箱會學習記錄你的使用習慣，然後利用這些數據來預測可能的問題。冰箱會知道牛奶還剩多少，然後根據你過去的使用習慣，分析出牛奶可能什麼時候會喝完。成熟度等級四的物品能夠利用人工智慧和歷史數據來預測未來，這對現代社會中分身乏術的消費者來說非常實用。

最後，智慧化等級五的物品能夠真正幫助我們提升效率。除了提供類比資訊之外，成熟度等級五的冰箱會知道牛奶快沒了，然後上網比價，看哪一家超市的牛奶最便宜，然後下載電子折價券，再傳到使用者的智慧型手機上，順便排進行程裡，提醒使用者要在何時何地取件。

等級五的智慧化物件其實就是使用者的經紀人，提醒他們什麼時候該做什麼，還有怎麼做最有效率。這個層級的智慧化汽車會告訴你什麼時候該加油，還有哪個加油站最近、最順路、最便宜。智慧型吐司機會透過分析吐司的濕度而知道，同一條吐司剩下的吐司片什麼時候會壞，然後上網找到吐司的優惠券。這個層級的智慧型物件能夠幫助我們處理生活上的許多雜事。不過這有好也有壞，因為智慧化的家電已經幫我們決定了採購清單上的各樣商品，購物的樂趣可能也會因此大大降低。

雖然我們在這裡說的是「物品」智慧化，但這個概念並不只局限於「物品」。企業中的所有業務也都可能像物品一樣被智慧化，像是一種智慧化和量子化的結合。這個領域的例子包含智慧電表。電表在智慧化的同時也將電力物品化，所以，提供電力這項業務也算是經歷了「物品智慧化」。

如果所有企業業務流程都能夠經歷「物品智慧化」，那麼新市場、新商機、新商品、新服務項目也會由此而生。所以在不久的將來，因為這股物品智慧化趨勢，我們的生活中可能會出現大量新產品和服務，讓日常生活更便利、更舒適。

一從家電到帳戶都能社群化，變身你的經紀人一

不過，物品智慧化成熟度模型並沒有考量到社群化這個因素，但這不代表社群化對物品智慧化的發展就沒有影響。事實上，這兩者是相輔相成的，可以創造出更多智慧化服務和產品的商機。

舉例來說，智慧型的活期存款帳戶就同時結合了社群化和物品智慧化。因為物品智慧化，帳戶會追蹤我的財務狀態，包含記錄我的收入來源和支出習慣、每月的固定支出（房貸、車貸、水電帳單、生活雜費等），以及娛樂性花費（上館子、看電影等）。這種等級五的聰明帳戶可以預測我什麼時候會亂花錢，並且及時阻止我的購物衝動，這樣我的帳戶就不會再透支了！

那麼，現在接著談帳戶的社群化。社群化的帳戶能夠追蹤我在網路上的一舉一動，它會知道我在亞馬遜、eBay或其他購物網站上都買了些什麼，也會知道我想買的東西有沒有符合我的經濟能力。如果我在網路上瀏覽平板電腦時，價格超過了我事先設定好的預算，智慧型帳戶就會阻止我在網路上下單。就算我真的不顧一切買了，智慧帳戶所發出的警告也會讓我感到很內疚。

另外，如果我真的很想買一樣超出預算的商品，非常聰明的帳戶就會透過網上的比價、

議價經紀人，來幫我找到符合我需求和預算的商品。這類經紀人會不嫌麻煩地透過各種不同手段把價格壓低，包含拍賣、招標、買團購券、揪團等等方式，來幫你達成願望。不管用什麼做法，這種社群化的帳戶會幫我省下許多時間和心力，並且為我的個人財務狀況把關。

冰箱也能夠社群化，為我們提供更方便實用的服務。經歷等級五物品智慧化和社群化的冰箱，能夠分析冰箱的內容物，然後上網找出對應現有食材，而且合我口味的食譜。舉例來說，我可能喜歡吃中華料理，而我的冰箱裡有可以做宮保雞丁的食材，那麼冰箱就會傳訊息給我，問我要不要做這道菜，然後我如果心情好、有空的話，就可以下廚試試。經歷了物品智慧化的冰箱，因為有社群化的加持，所以能夠提供更上一層樓的客戶體驗服務。

一福特汽車：記錄偏好並且適時回應需求一

大多數人可能都不知道，汽車產業其實很早就引進物品智慧化的做法了。它不只能夠記錄行車資訊供技師下載，汽車製造商也會透過像是「安吉星」這類公司的服務來蒐集資訊。這類所謂的「無線數據通訊系統」服務，能夠讓汽車公司蒐集旗下車款的即時數據，包含車主的各種駕駛習慣、開多快、轉彎怎麼轉，以及油門催多快等等。車廠宣稱他們蒐集數據的目的是想要改進車款、製造出更安全的產品。這類數據當然可能被用來改進行車安全，不過我想若是有事故發生造成訴訟，那麼律師們應該會很積極地利用這類數據，來為客戶贏得官司。

許多車廠的確已經開始利用大數據來提升服務品質了。例如福特汽車就持續在蒐集車主駕駛習慣相關數據，而他們對油電混合車的資訊特別有興趣。這類車款同時採用了汽油引擎和電動馬達來減少汽油的使用量，汽油引擎和電動馬達之間的轉換是由電腦控制的，而如何轉換則是由車內的軟體設定，所以，每部車都可以更改轉換的設定。福特原廠的設定是每一台車都一樣，而設定的目標是要讓油電混合車開起來跟一般的車手感差不多，這樣車主才好上手。這樣的軟體設定當然讓油電混合車的接受度很高，不過卻沒有將耗油量降到最低。

福特在蒐集和分析車主駕駛習慣之後，發現許多車主都非常想要（甚至著迷於）降低耗油量。車主們很顯然都願意犧牲車子的好開程度，來壓低汽油的使用量。藉由分析這些遠端數據，福特重新設計了控制引擎和馬達間轉換的軟體設定，並且把新程式上傳到追求低油耗的車主車內。福特沒有特地通知車主這項變革，車主也不需要做任何的重新適應（這是一個優質應用程式的最佳案例），不過，車主們都注意到車子省油性能的改善。這也是等級四物品智慧化的一個好例子，因為車子本身能夠記錄車主的偏好，然後適時做調整來回應車主的需求。

—物品的相關數據，可能比物品本身的價值還高—

另一個常見的物品智慧化裝置是胰島素幫浦，這項裝置的目的是供給糖尿病患者體內所需的胰島素。第一型糖尿病患者在還沒有這種裝置之前，必須時時測量自己的血糖，如果血糖值過高，就必須自己進行胰島素皮下注射。但有了胰島素幫浦之後，幫浦就可以在病患有需要的時候給藥，而不需要進行皮下注射。病患當然還是大約每個禮拜要替換幫浦的位置和軟管，但是病患可以省下隨身攜帶針材和重複進行皮下注射的麻煩。幫浦讓他們可以輕鬆取得需要的治療。

胰島素幫浦最近也開始越來越聰明了。製造商發明了電子感應器來追蹤病患的血糖值，這樣一來，他們就不用每隔幾個小時就得扎手指量血糖，只要裝設血糖感應器，就可以隨時偵測血糖。那麼既然可以隨時偵測，感應器就能夠變得更聰明，除了測量血糖之外，還可以進一步預測使用者血糖的高低走向，然後在問題發生之前發出警訊。

目前現有的血糖感應器已經可以把數據傳輸到胰島素幫浦上了，但是連動關係還沒有建立起來。這並不是因為有任何技術上的限制，而是感應器和幫浦公司因為許多醫療風險的考量，所以還沒有建立起一套自動化的給藥系統。不過我相信，隨著感應器和幫浦技術的成熟，各國醫療監管機構未來也會對這項技術越來越有信心。到時，智慧型血糖感應器和智慧型胰島素幫浦，就能夠一同化身成病患的虛擬胰臟，糖尿病患者也能夠享受幾乎跟常人一樣的健康生活。

在上述所有物品智慧化的例子中，我們必須知道一件事，就是在智慧化的同時，也會創造巨量的資訊。如果你的冰箱能夠時時刻刻記錄內容物的一舉一動，並且利用這些數據幫你規劃購物清單，那麼它所產生的資訊量也是相當可觀的。所以，冰箱公司當然也會想要提取資料，然後把它轉賣給生鮮商品業者。這樣一來，像是奇異（General Electric）或惠而浦（Whirlpool）這類家電公司，一定會需要龐大的資訊中心，來管理這些智慧家電所產生的巨量資訊。

另一方面，生鮮蔬果超市也會想要透過這些資料來了解你的購物習慣，以客製化的商品和折扣來吸引你的荷包。這樣一來，物品智慧化將會創造出一條全新的價值鏈，讓過去只銷售實體商品的店家也進入雲端的世界裡。隨著物品的智慧化，物品的相關數據甚至會比物品本身的價值還高。要在這樣的市場上生存，銷售實體商品的企業，就必須能夠做好處理巨量消費者數據的準備，重新設計一套能夠利用資訊來將價值最大化的商業模式。

● 讓智慧化數據，而非實體商品為你獲利

一、不管是哪個領域，都要準備好迎接資訊爆炸的時代。因為在不久的將來，物品智慧化所創造出的巨量數據，會遠遠超越我們今日所面對的資訊量。未來的數據將會以結構性的方式儲存在資料庫裡，而每年的數量會以千兆位元成長。因此，企業創新和效率的關鍵就會在於，是否能順利儲存、管理和使用這些數據。

二、如果你的公司生產製造實體產品，你就需要思考產品是否能夠智慧化，而智慧化之後產生的資料是否有經濟價值。如果能夠成功達成上述目標，那麼智慧化所產生的數據，很可能會比你的商品創造出更豐厚的利潤。

三、如果你的公司提供的是服務，那麼就要思考你提供的服務是否能夠利用數據資料或者透過智慧化，來為客戶提供更上一層樓的體驗。就像活期帳戶的例子，智慧化不僅會讓客戶滿意，也能夠降低企業本身的營運成本。

III. 迎戰數據海嘯的六大策略

讀到這裡，你或許已經被數據海嘯的種種面向壓得快喘不過氣來了。但是不要害怕，你絕對不會被巨量數據給壓垮。看似驚人的數據，其實能夠成為你在商場上的助力。在本書接下來的章節裡，我會提供你六種不同的致勝決策，讓你能輕鬆駕馭巨量數據，並且利用數據來驅動企業成長。

在最後一個章節裡，我會試著勾勒出未來世界的藍圖，根據目前的趨勢和回顧過去的科技變革，我將預測二〇二〇年的世界會有哪些科技情境。

13. 策略極端化

——選定策略做到極致，慎防死亡螺旋

接下來我會告訴你六個可以採取的步驟，來應付數據海嘯的侵襲，這些步驟不僅能幫助你面對海嘯，還能夠讓你趁勢逆流而上。每個步驟的終極目標都是要降低資訊量暴增所帶來的壓力，或是要利用這股壓力來驅動企業成長、提升競爭力。在討論每個建議時，我也會提到未來的商場，會因為巨量數據而有什麼轉變。

鎖定商業策略，切忌半途而廢

這裡的第一個建議就是要找出企業的強項，然後把它發揮到淋漓盡致。也就是說，你必須先訂定一個商業策略，決定好要提供消費者什麼樣的服務，然後貫徹這個策略。訂定策略的時候要採取兩極化的路線——你可以立志成為業界最低價的服務提供者，或是選擇提供最

優質、最客製化的服務來滿足客戶需求。選定好路線，就已經是成功的第一步了。但是切忌在兩條路線中搖擺，因為這樣你的商業策略一定會失焦，接著就會流失員工向心力以及客戶忠誠度，最後輸掉了自己在商場上的競爭力。

你可能會覺得奇怪，這本書明明是在講大數據，為什麼我要提商業策略呢？要先訂下商業策略的原因在於，若挑選了一條明確的路線，那麼需要蒐集、管理和分析的數據就立刻可以砍半。在這個數據量大到要用「一千億億億」（brontobyte）為單位來計算的時代，將待處理資訊量減半，會大幅減輕你在數據管理上的負擔。

愛因斯坦有句名言說：「瘋狂的定義就是，不斷重複做同樣的事情，卻期待發生不同的結果。」過去幾年來，我發現有許多合作的公司也都有這樣瘋狂的狀況。這些企業多半都建立在成本效率模型上。也就是說，他們提供的商品和服務，在市場上通常沒有太大的差異性，而公司的運作也著重在提升內部營運效率、努力降低成本上。如果能夠達成上述目標，就可以提升競爭力、搶下更高的市占率，進而增加營收。不過，這類企業的商品利潤通常都無法有什麼顯著的提升，所以要增加整體盈餘，就必須要衝高業績。

這樣的商業策略聽起來很穩健，而如果企業能夠貫徹始終的話，這樣的策略也的確會成功。然而，我所謂瘋狂的企業，都不只是想要提高整體盈餘，而是想要提升獲利能力。他們想要用同樣的策略，來提高商品的利潤。這些組織往往會想要試著提升產品的價值，而非堅守原本應該要提升銷售量的策略。

這些企業會用幾種不同的策略來達成他們的新目標：有些會收購業界提供高價值產品的小公司，然後試圖結合新舊公司的營運方式；有些企業會利用現有資源，開創出銷售高價值產品的部門；另外也有企業會試著建立全新的品牌，找尋新的資源和人才。上述企業所做的種種努力，都是想要使用舊有的商業模式、固有的獎勵制度、業務流程和組織政策，來打造一個生產高價值商品的企業。但他們卻都忽略了，這些做法，都是當初成功創造出主打低價商品路線的商業模式。

這種情形，我稱之為「策略失智症」（strategic dementia）。如果失智症的定義是人失去認知能力，那麼，策略失智症就是企業因為不知道自己的策略為何，而失去做理性決定能力的狀態。因此，不管他們再怎麼努力，都會被舊有習慣困住，想要用過往的商業模式來打造新的事業。他們使用以往的衡量準則、營運模式、雇用同類型員工、祭出同樣的企業規範、操作相同的業務和流程，卻忘了這都是過去發展低價市場的手法。他們重複在做一樣的事情，但是卻期待結果會有所不同。這就是策略失智症的定義。

一策略失智症：做同樣的事，卻期待不同結果一

我認為這些企業真的是瘋了，居然想要把在低價市場運作成功的策略，原封不動地套用，妄想要打入高價市場，還期待這麼做會成功。他們沒有清楚的策略，在商場上採取的一些招數也都缺乏一致性，所以結果想當然爾都不怎麼樣。他們都沒有發現，他們既然能夠成功地發展低價市場，那麼同樣一套策略在高端市場一定是行不通的。

這些企業可能會針對業務流程做一點微幅的改變，或是祭出業務紅利獎金當誘因，然後就希望奇蹟會出現，奢望過去幾年或幾十年適用的營運做法也能夠在新領域上成功。但是，企業高層都沒想到，調整大策略下的幾個子項目，並不可能帶來整體的革新。單是收購採用不同策略的公司，也不可能帶動公司的整體轉型。

重點是，你必須選定好策略，然後貫徹始終，將企業中的大小業務目標都隨之調整。這麼做當然很困難、會有陣痛期，而且很勞民傷財。但是如果不做這樣大刀闊斧的變革，反而會造成企業內部錯亂的狀況。員工可能會很疑惑，不知道公司的首要策略到底是什麼、該怎麼做才適當、才能夠在組織中往上爬；不知道哪些商機值得跟進，或更重要的是，不該執著於哪類合作機會？如果企業的核心策略模糊不清，那麼很多人力和時間就會被浪費在釐清上述問題上。過去我曾看過許多企業因此賠了夫人又折兵，不但業務下滑，連人才也跟著流失。

這並不只是低價市場的企業要轉型時才會遇到的狀況，高端市場企業也常常會有策略失智症。這些公司常常會偏離自己主要的核心業務，妄想把高端和低價客戶都一網打盡。這些公司認為，既然客戶願意跟自己買高端商品，那麼推出低價商品他們應該也會買。不過，他們的低價商品卻沒有比同業便宜。雖然如此，這些企業因為想要追求更高的營收，還是進攻了低價市場，結果當然也是很慘。所以，高端市場企業每次想要搶攻低價市場，往往都因為價格沒有競爭力而鎩羽而歸。所以，市場上各個區塊的企業都有可能得到策略失智症，選擇不適合自己核心業務的策略。

不管企業的核心業務是什麼，我發現這些公司其實都不想要改變他們的商業策略，只想要得到不同的商業成效。低價市場企業想要獲得跟高端市場一樣的利潤，卻不想要更改市場策略；同樣地，高端市場企業想要打入低價市場來衝高營收，卻還是使用生產高端商品的策略在操作產品。當我在跟這些企業合作的時候，主要的目標就是協助他們採用適合他們核心業務的策略。有些企業的確成功做到了開拓光譜兩端的市場，但是組織內部的員工因為必須兼顧兩套完全不同的策略，很多好人才都因為受不了蠟燭兩頭燒，不出幾年就另尋出路去了。

—效率與彈性的對決：根據不同策略，決定擷取哪些數據—

你可能會問，我為什麼要了解數據增長的模式呢？因為根據不同的商業策略，你會需要蒐集與分析特定的數據，來幫助你更了解市場和消費者。如果你主打的是低價市場，那麼，你擷取的數據就要能夠幫助你預測市場需求量、優化產品供應鏈；但如果你走的是高端路線，就得蒐集能夠幫你創造需求的數據。我們接下來就先檢視這兩類數據的不同，以及它們對你的市場布局有何影響。

對於低價市場來說，要讓企業勝出的關鍵就是價格。如果你的產品比別人便宜，就一定能夠攻下灘頭。所以你所蒐集的數據，就要能夠幫你壓低產品製造成本，才能夠提升你的市場競爭力，同時也需要讓產品能夠更輕鬆、更穩定地到達客戶手中，這樣消費者才會更想要購買你的商品。

在這種情況下，你所需要的數據有兩類：組織內部營運數據和需求預測數據。第一類很好懂，因為如果你能夠降低製程中每個環節的成本，就能夠順利提高你的利潤。但是第二類可能就沒那麼明顯，它背後的道理是，如果你能夠預測消費者的需求，你就能夠事先調整產量，進而提升效率並降低成本。這兩類數據都能夠幫助企業提升效率，而且只要蒐集到正確的數據，並且仔細分析，就能夠達成目標。

對主打高端市場的企業來說，他們就必須要蒐集能夠刺激消費者需求的數據。這類企業必須精準掌握消費者的喜好，才能夠推出足以吸引這個客層的廣告和宣傳手法來刺激買氣。在金字塔的頂端，每一位客戶都有獨特的需求，所以，公司也必須要推出夠有彈性、能夠客製化的服務和商品，來滿足客戶的喜好。所以在高端市場裡，提高製程中各環節的彈性，也是創造需求的重要關鍵。

—亞馬遜：預測未來的客戶，還讓競爭者靠邊站—

預測需求量的一個例子，跟社群媒體有關。利用臉書上的大量數據，商家可以透過動態更新來找到潛在客戶，然後即時提供他們商品。舉例來說，如果你經營一家連鎖比薩店，一般來說，比薩店賣的商品都不算貴，屬於低價市場。當然，消費者也會有他們偏好的商店，不過要吸引他們換家口味試試並不是太困難。所以，如果你的連鎖店想要透過預測消費者需求來搶生意，你就得找出所有臉書上有訂比薩意願的人。

但是要怎麼找呢？你可以搜尋臉書上所有包含「比薩」關鍵字的動態或留言，也可以看看有哪些臉書網友之間正在討論要外出用餐。找到這樣的貼文，就代表你找到潛在客戶，你就可以寄電子優惠券或是提供特價訊息給他們了。這些臉書使用者透過貼文，透露出他們有興趣購買商品，如果你即時行動，就可以引導他們把這筆生意交給你來做。

另外一個預測需求量的例子，是亞馬遜商店的定期送貨到家服務。消費者可以請亞馬遜定期把某項常用的商品送到家。舉例來說，如果你家裡大概每個月都會用掉一加侖的洗衣精，你就可以請亞馬遜每個月固定都送一加侖洗衣精來。這不只對消費者來說很方便，亞馬遜更提供使用這項服務的客戶一五%的折扣，讓消費者省錢。

對亞馬遜來說，這不僅可以幫助它預測需求量，進而壓低進貨成本，而且這種定期送貨的服務，還確保消費者不會向其他競爭者購買同類型商品。就算消費者收到其他零售商的優惠券，也不會想要購買其他家商品，因為家裡永遠不缺這樣東西。

這是個利用消費者數據來預測需求的絕佳案例。因為商家在這種情況下，可以確實地知道消費者對商品的確切需求量。而消費者只要有請亞馬遜定期送一項東西，他就非常可能再訂購其他商品。所以只要跟消費者搭上了線，就能夠很容易地說服他們打開荷包，再跟你定期購買其他的日常必需品。

另一方面，對於高端市場來說，蒐集數據的目的是要讓產品製程有更多彈性，好滿足消費者的高度客製化需求。這類的數據有兩種來源：第一，你必須了解每個客戶的獨特偏好，也就是要蒐集和分析大量情境化的數據，我們在本書前面的章節已提到過。結合情境化和客戶偏好的數據，會讓你了解客戶在任何時間點的購物需求。第二，蒐集的數據要著重在你產品製程有彈性、可以客製化的環節。你的產品有些部分可能是沒辦法調整、沒辦法客製化的，所以，這些商品環節就沒有市場差異性，因此不需要擔心這個部分的數據。但是，製程中有市場差異性的環節，就會是抓緊客戶的關鍵，所以要讓這些環節保持高度的彈性，隨時準備好回應客戶的需求。

有個簡單例子應該可以清楚解釋這種情況。在汽車製造業中，許多公司的生產線，各個環節大多都很類似。也就是說，福特 Escort 家族中的各代車款，大約有九五%的製程都是相同的，而最後那五%的差異性就成為市場成敗的關鍵了。假設某位買家非常喜歡紅色，但是你的車款卻沒有出紅色車，交易可能就會因此告吹。所以這五%的產品差異性，就會是吸引消費者的最重要環節。買家可能會想要裝個衛星收音機、天窗或高性能的輪胎等等，這些客製化的細微差異，會讓每一部車變得更特別、更吸引消費者。這也就是為什麼許多客製化的服務都非常昂貴，因為對製造商來說，這是最有利可圖的環節。

—效率死亡螺旋：你的商品跟得上時代嗎？—

本章開頭以低價市場商家為例，說明他們想要跨界高端市場時，所得到的策略失智症。我無意貶低像好市多這類量販店，畢竟他們所使用的商業模式相當成功，也提高整體經濟的效率。遵循這種商品效率模式的企業，只要能夠確保商品跟得上時代，就一定能夠開出亮眼的成績。

好市多、沃爾瑪和艾克森美孚，都是採用這種銷售策略，因為他們提供消費者的都是日常消耗品。不管科技再怎麼日新月異，大家都還是需要肥皂、漢堡、衛生紙和汽油。所以只要全球人口和經濟不斷成長，這些商品的需求量也會跟著往上攀升。如果需求量有成長，那麼這些低價市場企業也能夠透過提升營運效率來提高業務量，並增加整體盈餘。

但是，如果市場出現了創新，而導致某些商品跟不上時代了，那麼製造過時商品的企業恐怕就有麻煩了。每當市場上出現了某項新的科技，它通常也會讓某些商品顯得很過時、很多餘；而製造這些過時商品的企業因為沒有預測到商品的創新，就會嚴重受到衝擊。

所以當汽車問世時，製造馬鞭的商人就沒生意做了；而在手機發明之後，公共電話也因此迅速消失。你還記得上次看到一部公共電話是什麼時候嗎？現在大家家裡都有液晶電視，想當然爾，製造舊型電視真空管的廠商大概已經無法存活了。類似的例子不勝枚舉。雖然這些低價市場裡的廠商，非常努力想找尋提高生產效率的方法，但還是沒辦法留住消費者，因為科技的創新讓他們的商品已經跟不上時代了。

對這些企業來說，他們面臨了一個潛在的危機：因為他們極力要把產品製造的成本壓低，導致產品價錢低得連自己都沒賺頭；或者是企業只專注在找出能夠提升效率的創新製造流程，但卻忽略了市場上的商品創新，而這可能會讓他們的產品顯得過氣又多餘。

我在不久前曾經跟一家業界頂尖的電腦硬體製造商合作，他們的股票是華爾街寵兒。這家公司就是標準走低價薄利多銷策略的企業。同業之間，找不到任何競爭對手能生產出更便宜、更有效率、性能更好的硬體。而這套商業策略也讓他們以低價殺出一條血路，開發了許多市場。

但是這種策略的副作用，就是他們專注於製程的創新，而完全忽略了商品的創新。企業的所有資源都花在設法降低生產成本上，這種做法讓他們在產品創新領域，遠遠落後同業的腳步。但起初這也不是什麼大問題，因為一旦其他同業發展了新的產品、開拓了新的市場，這家企業就先抄襲同業的產品，然後再用低價策略搶攻市占率。這樣的手段讓他們馳騁業界二十年，而這段時間也正是個人電腦市場蓬勃發展的黃金時期。

不過，這家公司現在遇到瓶頸了，不只財務狀況不佳，連主打商品都呈現滯銷，市占率也在縮水，彷彿大勢已去了。為什麼它會淪落到這般田地呢？因為它把所有精力都放在提升製程效率、壓低成本上，以致完全沒有研發創新商品。而在壓低成本的同時，它也壓低了商品的利潤，以及企業的營收。因為製造商品的效率實在是太高了，所以商品的價格也變得一文不值，也就導致了營收的死亡螺旋：因為商品越來越沒有賺頭，也就沒有多餘的經費來投資新商品研發。雪上加霜的是，當初被他們逼上絕境的同業，破釜沉舟地研發出了改變市場的創新商品，使得現在這個企業所生產的產品都變得跟不上時代；然後又因為產品利潤低，所以更沒有經費來挽回頹勢。

這裡的前車之鑑是：如果你主打的是低價市場，那麼用製程創新來降低成本當然很重要，但是也要撥出企業資源來投入產品研發。不然很可能有一天你會發現，自己成了最有效率的馬鞭生產者，但是市場上的消費者都已經開始買車，而不再需要買馬鞭了。

● 剷除染上策略失智症的每個環節

一、選定商業策略，然後貫徹始終地執行它。如果你主攻低價市場，那麼就要蒐集能夠幫助你預測產品需求量和出貨動線的數據；如果你處於高端市場，就要利用社群媒體數據來刺激消費者需求。

二、找出導致企業染上策略失智症的策略、績效指南、業務流程和業務目標，並且將之剷除。

三、如果某項業務並非企業的核心業務，就應該外包給專業的廠商去處理，然後建立適當的績效評估與獎勵方案，確保外包公司能夠達到企業標準。

14. 反應即時化

砍半研發週期，跟上創新步伐

在這個商場被數據主導、驅動的年代，許多企業面臨的挑戰之一，就是要跟上瞬息萬變的新商業環境。面對激烈競爭、消費者期待和透明的市場運作，企業必須要學會如何洞燭先機，才能夠抓住客戶的心。企業必須要預測消費者的需求，然後需求一旦出現，就即時奉上商品或解決方案。

透過數據分析，企業已經可以成功預測消費者需求了，但是代價當然不便宜，難度也很高。組織必須要先擷取每分每秒都在產生的巨量資訊，而且大部分都得要做即時監控。接著，要把即時資訊和現有歷史數據做比較，同時也要即時利用最新消費者行為模型來進行分析。分析歸納出消費者需求時，企業就要立即採取行動，才能夠把數據價值發揮到淋漓盡致，即刻滿足消費者需求。同樣重要的是，企業在採取行動之後，也要分析成效如何，這樣才能夠針對市場回饋，調整自家商品或服務。

這樣的做法會加速企業的轉型，就像我們在第九章提過的，員工的角色在產品製程中會變得比較次要。因為即時的人力決策，已經不適合用在大量快速的企業製程中，所以員工會需要負責的業務，只剩下檢視自動化流程運作是否順利而已。美國零售業者沃爾瑪在二〇一〇年時締造了單週兩億美元的天文銷售數字[1]，但到了二〇二〇年，這一定會變成所有產業的新常態。

數據分析也會讓自動化的業務流程越來越精準與即時，並且針對客戶需求做出更有效的預測。簡單來說，數據量越大，分析的結果就越準確。這也代表著數據分析能夠讓企業製造流程越來越聰明，生產出越來越棒的商品。雖然許多企業主管可能不放心把業務流程完全交給科技處理，但是越來越優質的成品，一定會持續驅動這種企業轉型。

在第十章我們提到了手機應用程式浪潮，以及消費者隨時隨地都期待自己的需求能夠快速、實惠又很輕鬆地被滿足。在這樣的情況下，企業就被迫要加快產品研發的腳步，好回應市場需求。所以很多組織都會發現，過去以壓低成本來提高投資報酬率的做法，已經行不通了。現在的企業要成功，必須能夠迅速且有彈性地時時調整業務方向，來迎合消費者。一如往常，我們接著也會分析這種新的商業模式，會創造出什麼樣另一波的巨量數據，以及該怎麼樣管理這類新數據。

—產品週期，必須比消費者發出的需求更快—

在行動裝置和社群媒體充斥的時代裡，消費者變得非常喜新厭舊。所以，企業如果要生存，就必須要能有效率地分析消費者需求，然後立即提出適合的解決方案，接著迅速讓商品上市。成功的重點就是一定要搶快，不管解決方案是否完整，只要能夠把想法寫成手機應用程式，然後很快地讓用戶下載，就能夠順利搶攻市占率。這種現象也會造成商品的週期越來越短；過去幾個月或幾年一輪的產品壽命，現在很快就會縮水到只剩下幾週，甚至是幾天。

手機遊戲《憤怒鳥》的開發公司 Rovio，就是個新商業典範的標準案例。Rovio 本來是個小公司，只請了十幾個軟體工程師，但在不到三年的時間內就搖身一變，成了資本額高達兩三億美元的遊戲開發鉅子[2]。它成功的祕訣，首先就在於開發吸引人又有市場差異性的產品。再者，它更新遊戲推出升級產品的速度非常快，而且還會利用客戶的回饋意見來改善新版遊戲設計。這樣的策略不僅能夠吸引新玩家，更能夠讓舊玩家對遊戲熱情不減，想要繼續嘗試新版玩法，讓 Rovio 能夠同時留住客戶的心和他們的荷包。

在其他電腦遊戲銷量都欲振乏力的時候，Rovio 居然還能夠每年以兩倍的速率成長，這顯然都要歸功於他們絕佳的市場反應能力。它的旋風式崛起，甚至吸引了好萊塢名導喬治・盧卡斯（George Lucas）跟他們簽約，把超賣座星際科幻史詩《星際大戰》（*Star Wars*）融合到憤怒鳥遊戲裡。《星際大戰》也更助長了Rovio所建立起來的商品良性循環，遊戲不斷地推陳出新，讓使用者時時保有新鮮感，跟好萊塢的合作更是炒熱了市場話題。

隨著越來越多企業想要打入手機應用程式市場、縮短業務流程與週期，該公司就必須要想辦法討好消費者，迎合他們的口味。消費者越來越沒有耐心，有任何欲望就想要即刻滿足，再加上市場上五花八門的商品和各式選擇，消費者對品牌的忠誠度也就越來越低。所以，企業要在這樣的氣候下生存，就一定要加快產品研發的腳步，迅速回應市場需求，才能夠創造出市場差異性。

這種「衝衝衝」的市場策略，很快就會擴散到各個產業裡。不只是創意產業，就連普通的日常業務也都會跟著加速創新。舉例來說，美國的連鎖超市龍頭克羅格（Kroger）在二〇一〇年左右，開始想要縮短客戶結帳時的排隊等待時間。而在短短幾年間，消費者在克羅格的平均排隊時間，從四分鐘穩定下降到只剩二十六秒。等待時間的大幅下降，也代表著營運效率大增。進一步檢視克羅格的財務狀況，我們也發現，它的營收每季都以將近一〇%的速度暴增。這在競爭激烈的超市業真的非常不簡單，客戶們顯然對他們的轉變相當滿意。

在本書的第二部，我提到了六種企業策略，能夠用來回應第一部分所提到的六波數據海嘯。而在這六種策略中，有四項將會在未來提升企業的營運速度，而另外的兩項——雲端化和量子化，則是企業所必須要達成的改變，好加速營運速度。所以，前四項策略不僅迫使企業提升營運速度，同時也能夠幫助企業提升營運速度，因此也是企業非用不可的手段。接下來，我們就會一一檢視這四項策略。

—情境化：從每個人的市場，變成每個情境需求的市場—

根據情境化的成熟度模型來看，這股趨勢會迫使企業預測消費者的需求和喜好。企業要先能夠預測消費者的需求量，並且採取行動來回應需求；下一步就是去預測消費者的喜好並主動出擊，以便在消費者出現購物欲望的同時，立刻奉上對應的商品。隨著科技的進展，這已經不算是什麼難事了。但是，企業同時也必須調整內部的營運流程，來符合新的商業策略。首先要檢視目前的商業流程，然後看看它的靈活度夠不夠用來回應消費者瞬息萬變的喜好；如果不行，就要重整企業的業務流程，好迎頭趕上這股情境化的趨勢。

如果仔細檢視情境化所衍生出來的數據，企業應該就可以根據消費者的需求和喜好，開發出新的商機。就像我先前一再提到的，如果做得到，那就非做不可。在結合情境化和量子化趨勢的巨量數據後，再進行進階分析和搭配機器學習，預測消費者需求和喜好就成了不可抗拒的趨勢了。

社群化：蒐集顧客的每日PO文，遠勝複雜的市調報告

我們先前提過社群化的趨勢會拉近企業和客戶之間的關係，創造出一種親密感。如果社群化應用得當的話，企業就有辦法以非常快的速度轉型，從被動的客戶服務（像是傳送「很抱歉，我們提供的服務不夠周到」之類的訊息），進展到主動預測客戶的需求。這也就是企業和客戶會變得很親密的主要原因。

如果能這樣做，你就能夠在第一時間滿足顧客的欲望，因為他們一有購物需求，你就能夠立即奉上商品。同樣地，企業也必須要建立快速有彈性的商業流程，好維繫企業與客戶之間的親密感。你可能對這股潮流無動於衷，但你的同業和越來越多競爭對手，早已努力要迎頭趕上這股趨勢了。

應用化：提供比完美更重要的即時滿足

手機應用程式生命週期其實很短，所以要打造成功的應用程式，企業不僅要能夠端出消費者喜歡的牛肉，還要能炒熱市場話題，這樣，使用者才會有動力下載應用程式、接收企業準備好的牛肉。

在這種情況下，你推出應用程式的速度不僅要快，更新改版的頻率也要高，並且還要針對使用者意見做出適當的調整。不要以為應用程式上架，任務就結束了，廠商還必須推陳出新，保持消費者的新鮮感，才不會被淹沒在應用程式的茫茫大海中。因此，企業必須炒熱這個應用程式在市場上的話題性，並且維持它的市場曝光率，才有辦法持續靠這個應用程式賺錢。也就是說，企業當中負責打造應用程式的團隊，必須要加快產品研發和創新的腳步。

─物品智慧化：物品產生的數據，可能比物品本身的價值還高─

最後，物品智慧化會迫使現在所有企業都要火力全開、加速創新。以目前物品智慧化的速度來看，連上網路的物品數量，很快就會超越全球的上網人數了。而這些物聯網中的物品，會時時刻刻地監控我們的生活，提供我們更便利的服務。當物品發覺我們有什麼需求的時候，這些物件就會立刻採取行動，而動作最快和價格最有競爭力的商家，就能夠奪得商機。畢竟物品沒有生命，它們都是很理性的。所以，這些物件不會有任何品牌忠誠度，它們在幫消費者做採購決定時，考量的都是最實際的價格，以及是否符合主人立即的需求。這樣一來，企業就必須要能夠洞燭先機、然後快速做出反應，才有可能在這種高度個人化且即時性的市場上脫穎而出。

我們在這裡所談到的四股業界趨勢，都需要企業加快自己的反應腳步。在這四股力量的推動之下，今日的商場已經不再適用過去的商業模式了。也就是過去慢慢調整每個商業環節的做法，已經沒有辦法應付正在經歷巨變的商場和趨勢了。微調你的企業流程，完全無法在大數據時代起任何作用。企業必須要背水一戰，徹底重新打造一套符合未來趨勢的商業模式。跟不上時代的業務流程所需要的不是微調，而是要徹底摒棄，然後根據分析即時巨量數據的結果，建立合用、並且能回應消費者未來需求的新做法。

蘋果電腦：劇烈起落的明星企業

看看蘋果公司過去十五年來的發展吧！在二〇〇〇年時，蘋果遇到了嚴重的瓶頸，它雖然在個人電腦市場穩定保有三%到四%的市占率，但是除了果粉之外，好像就沒有其他消費者願意購買他家的商品了。當時產品本身沒問題，但就是缺少了我們現在公認蘋果特有的創新和設計感。那時，蘋果甚至考慮要讓它的主要競爭對手微軟來收購，當時虔誠的果粉聽到消息都很心碎。

但情況到了二〇〇三年有了轉折，當年蘋果推出了 iPod 和 iTunes。那時很多人不看好蘋果下的這一步棋，大家都不懂推出音樂播放裝置能夠對蘋果的發展有什麼助益。但是這兩項商品在市場上非常成功，讓蘋果能夠順利在二〇〇八年推出劃時代的商品。那年蘋果推出了 iPhone。當時的市場環境已經準備好要擁抱行動運算的新體驗，而全球也終於見識到賈伯斯的才華。

iPhone 的出現，在科技界投下了一顆震撼彈，它摒棄了當時主流黑莓機的迷你鍵盤，改採用觸控式螢幕。它擁有乾淨俐落的時尚外型。更重要的是，它跟其他的蘋果產品一樣，都非常好上手。蘋果在接下來的五年間，靠著 iPhone 的魅力，找到了新一波的成長動能。

在那五年內，蘋果接著端出 iPad，也立刻獲得消費者的喜愛，造成供不應求的狀況。接下來又不斷推出新一代的 iPhone，穩固它在智慧型手機市場的領先地位。到了二〇一二年，蘋果的市值已經來到了七千五百億美元，成為史上價值最高的企業了[3]。蘋果的魅力看似勢不可擋，但是就跟所有神話中的英雄一樣，蘋果也有致命的弱點——極具爭議性的執行長。

二〇一一年十月五日，賈伯斯終於結束了與胰臟癌的長年搏鬥。賈伯斯在被診斷出罹患癌症之後，雖然接受了最好的治療，他本人也表現出樂觀的態度，終究還是抵擋不住極具侵略性的胰臟癌。在賈伯斯過世後，蘋果似乎就迷失了方向。二〇一二年上市的 iPhone 5 被市場認為了無新意，銷售也不如預期，甚至還傳出蘋果因為銷售成績低迷而降低產能。不僅如此，蘋果也不再稱霸智慧型手機市場了。Google 和 Android 作業系統的智慧型手機銷量，幾乎已經是蘋果手機的兩倍了。

因為這波市場大地震，蘋果的市值在二〇一三年初，一口氣在五個月內跌了兩、三千億美元[4]，這比微軟同時期的整體市值還要高。如果你有買蘋果的股票，你的心一定也跟著它像坐雲霄飛車一樣，經歷了所有大起大落。不過在未來的商場上，會有更多的企業經歷這種七彎八拐的巨變，而受到影響的產業和企業也會越來越多。

現在的消費者手中掌握許多資訊，彼此之間也會互通有無，所以當一項新商品或服務真的很特別、很好用的時候，消息會立刻像野火一樣蔓延開來。它的高詢問度會把買氣越炒越熱，逼得消費者大排長龍，只為了要買到這項熱門商品。

而這時若企業已經做好了雲端化，它就有辦法立刻提高產量，來回應消費者的需求。所以有辦法炒熱市場話題的企業，通常也都有辦法彈性調整產量來滿足買氣。因此，過去靠著規模經濟打天下的企業，已經無法跟上市場腳步了。現在的新創公司已經不會再擔心沒有資金，所以其他企業也需要設法創新，才能夠跟上它們的步伐。

我們都知道企業要加快創新的腳步，畢竟這樣的說法已經在各個產業流傳幾十年了。但是，我相信，新世代的商業步伐將會快到我們根本無法想像，讓企業再怎麼創新都無法跟上。因此，商界很可能將會經歷一場史無前例的重大革新。

● 砍半研發週期，找出流程絆腳石

一、在二十一世紀裡，速度決定了企業成敗與否。所以，企業必須在未來十二到十八個月內，將消費者商品的研發週期至少砍半。

二、要達成上述目標，可以透過分析產品製程，找出各個環節的絆腳石；這個檢討的過程，通常需要組織上下同仁通力合作。一旦找到問題癥結點，就可以透過自動化或者修正業務流程來改善效率。

三、好好利用社群媒體、客服中心和所有能夠蒐集客戶意見的管道，因為他們的意見，能夠幫助企業改善產品和服務的品質。

四、尋找並鼓勵員工針對業務流程、商品和服務，提出破壞性創新。若新點子合用，就要立刻執行並評估成效，看看市場反應是否熱烈。

五、一旦做出了破壞性創新，利用社群媒體和其他傳播管道來炒熱市場話題。只有創新還不夠，要讓全世界都知道這項創新才算真正成功。

15. 數據貨幣化

把數據當成財務管理，推動企業成長

本書主要的重點是在探討企業該如何面對營運過程中產生出來的巨量資訊。若你還沒有準備好，那就要小心了。因為未來十年內，數據的增長速度，會因為我們在第一部所提過的幾項驅動力而不減反增。如果企業能夠學會管理和分析它們的營運數據，數據巨浪就會變成一座金礦，提供你源源不絕的資源來對付競爭對手。

如果延續從二〇〇〇年的趨勢來看，未來的數據將會每年以兩位數成長。現在跟我合作的公司當中，已經有許多狀況見證了數據量逐年倍增。巨量數據會越來越難管理，但卻會是企業最寶貴的資產。

從過去經驗來看，數據增長最多的領域就是企業內部的營運數據：這些數據可能來自有架構的管理系統，包含企業資源規劃系統（ERP）、供應鏈管理系統（SCM）和客戶關係管理系統（CRM）等等，以及較缺乏架構的企業內容管理（ECM）和文書管理（RM）

系統，和其他協作系統。透過蒐集上述資料，企業能夠更了解它們的業務運作、客戶，以及商品和服務的使用狀況。但是許多企業面臨的挑戰，是不知如何把這些有組織或鬆散的數據串連起來，勾勒出一幅能夠幫助它們了解消費者的圖像。

從零散的資訊碎片，拼出消費者的圖像

有組織的系統中所產生的數據，常都是隨著企業發展呈線性增長。如果某家企業年增率是一〇％，那麼系統中所記錄的交易數據也會等比增加。但是企業內無組織的鬆散數據增長幅度，卻比較接近臉書之類的社群媒體成長率，大約每年增加超過五〇％。這種狀況算是合理，因為像是微軟的 SharePoint 或者是 Jive 這類的企業協作平台，它們的功能其實跟社群媒體很像，只是應用範圍在於企業。所以如果企業有使用協作平台，組織運作的數據量就會以驚人的速率暴增。

就像我們在第六章提過的一樣，分析巨量數據其中一個挑戰，就是要整合有組織和無組織的鬆散數據。其中的困難點在於，你必須從不同來源中彙整幾百類的數據，然後才能透過分析解讀去找出其中的道理。

大部分的企業和管理階級，都對處理財務、物流和銷售這類型的有組織數據不陌生。但

是他們面對無組織的鬆散數據，可能就會顯得六神無主；這類型數據包含了客服系統中，還有電郵、臉書和推特上所蒐集到的客戶回饋資料。而企業唯有透過整合這兩大類數據，才能夠真正分析出有價值的獨特資訊，指出企業正在面對的挑戰和機會，並且了解該如何運用數據來抓住客戶的心。

所有最有用、最有價值的資料，都藏在無組織的鬆散數據中。資訊如此豐富、增長速度又快，如果企業能夠成功擷取其中價值，就一定能夠獲得商場上的優勢。而且這些無組織的鬆散數據不只局限於企業內部的營運資料，許多寶貴的大數據都是來自公開平台上的資料，像臉書就是一座大數據金礦。但不管是哪一類資料，企業們所面臨的挑戰在於，要如何正確處理和解讀這些巨量數據。

公開的社群媒體平台資訊量，是以每年五〇%到一〇〇%的速度在增長，那麼組織內部的社群平台數據量，增加速度應該也差不多。資訊與影像管理學會估計，二〇〇〇年到二〇一〇年間，在企業內部所產生的數據中，有高達九〇%都是無組織的鬆散資訊，它們來自與客戶的郵件往返、文件，以及部落格內容等等[1]。此協會也認為，這類無組織的鬆散資訊，正在以每年六〇%到七〇%的速率增加。

這樣的資訊大爆炸代表著，企業需要花越來越多資訊科技預算來保存這些數據，而大部分的主管可能都認為這筆錢花得很不值得。現行的法律規定，所有企業都必須妥善保管營運數據，所以就算公司不想花錢，也不能把歷史資料直接刪去或丟棄。而且，放棄這些數據金礦真的不是聰明的做法。所以，企業不僅不該刪資料，更應該善用這些資料。組織如果能夠善用它們的數據金礦，就會開始發現資訊科技不再是個預算無底洞，反而可以讓自己在商場上出奇制勝。

—加入數據投資：隨著時間，身價水漲船高—

雖然大部分的企業都開始發現，大數據裡蘊藏了在資訊經濟中勝出的祕密武器，但是這些組織所建立起的數據系統，常常讓他們無法順利開挖資訊金礦。二〇〇〇年到二〇一〇年間，許多財星千大企業所擁有的數據，都是以千兆位元為單位（一千兆位元相當於一百萬GB，或大約是二〇一三年出產的一千個超大硬碟相加起來的儲存量）。要儲存這麼大量的數據，還要讓這些資訊能夠隨傳隨到，當然會很花錢，尤其是數據量還在以二〇%的年增率不斷成長。所以，許多企業都把較舊的數據封存到歷史檔案中，以磁帶的方式保存下來，因為這種儲存方式成本最低，比存在線上硬碟中便宜很多。

雖然這種離線儲存的做法能夠有效降低成本，但也讓這些數據無法被有效利用，因為企業沒有辦法隨時分析這些數據，來改善它們的營運效率或更加了解消費者。

過去幾年來，我曾看過許多大企業都把寶貴的數據存在這種離線的資料磁帶上。如果你看過電影《法櫃奇兵》（*Raiders of the Lost Ark*），你應該還記得法櫃（又稱約櫃）在最後一幕被放進一個木箱裡，然後收在一個擺了成千上萬個類似木箱的倉庫中。我每次看到這些財星千大企業儲存資訊的方式，都會想到電影的這一幕。這些企業把舊數據存在磁帶上，把成千上萬的磁帶放在箱子裡，然後再把所有箱子都堆在一座巨大的倉庫中。就跟《法櫃奇兵》中的法櫃一樣，一旦進了倉庫，就會永遠遺失在茫茫箱海中，再也找不到了。

有些人可能會認為，這些舊數據應該沒什麼價值、不值得分析，所以把它儲存在線上只會浪費空間。但我這裡有兩個主要理由來反駁這樣的主張：首先，結合有組織和無組織的企業營運資訊，其實是個很新的概念，所以不管是企業內部協作平台、電郵或是外部推特、臉書的訊息，再舊也不可能超過兩、三年，而且這些數據可能都還沒有被好好分析過，所以應該都還是很有價值的新礦。如果把它們放在離線的環境下，就一定沒有辦法對企業的營運狀況做出任何貢獻。

再者，不管是把數據儲存在磁帶還是硬碟裡，根據摩爾定律，儲存的成本一直都在穩定下降（摩爾定律是指每隔約十八個月，電腦運算或儲存產品的價格就會降一半）。在儲存成本下降的同時，舊數據只要沒有接受任何處理，它的容量就不會增加。但舊數據能夠讓企業數據分析師更完整、更全面地了解組織，然後彙整出對企業營運更有價值的訊息。所以，儲存舊數據的成本不僅越來越低，資訊本身的價值反而隨著時間越來越高。

打造數據儲存新紀元：提升儲存效率的三個做法

很多企業會想要把數據儲存在磁帶上，是因為這樣做的花費，比存在線上硬碟裡便宜了三、四倍左右。但是這樣的成本計算方式，其實忽略了分析這些數據所能夠創造出來的經濟價值。大數據分析既然已經成為了企業在商場上成敗的關鍵，那麼把舊數據儲存在離線磁帶的做法，絕對是不符合經濟效益的，反而會造成企業的財務損失。

除此之外，企業也常忽略數據儲存和管理的效率。資訊業的一貫做法，都是想要提升資訊儲存資源的性能，也就是要提高數據傳輸的速度。但是這種做法卻忽略了數據在閒置時的儲存效率，而這反而才是數據大部分時候的狀態。

接下來的幾種做法都能提升資料儲存的效率：

- **刪除重複資料**：系統自動移除重複的檔案。
- **壓縮數據**：刪除檔案中多餘的資訊來縮小檔案。
- **依需求配置儲存資源**：依照數據大小來規劃儲存空間，不占用多餘資源。

其他太技術性的細節，我在此就不多贅述，畢竟有很多其他書裡會提及。但重點是，既然數據大爆炸是個必然的趨勢，企業就必須全副武裝來降低需要儲存的資料量，把儲存效率最大化，而不能只關切數據傳輸的速度。

─透過管理大數據的每個面向，推動企業成長─

從以上的討論，我們應該已經了解到數據取得的便利性是非常重要的，因為隨時可以提取分析的資訊，才能夠幫助企業了解自身的營運狀況。要達成這樣的目標，有兩個主要關鍵：首先，企業必須針對營運的所有業務，設計相對的評量矩陣；尤其是企業的核心業務，就特別需要透過分析營運數據，並且進一步地控管及優化，這點我們在第十三章就有提到。一旦建置了核心業務評估矩陣，就要確保這些評估的數據隨時可供分析師使用。

數據化指的是，透過大數據來優化企業營運的每個面向，這跟我們在第九章所提到的量子化有關聯，但並不相同。數據化的概念融合了物品智慧化、情境化，並結合大數據分析，來深度優化企業運作的每一個環節。目的不僅是要利用數據分析讓業務流程自動化，同時還要讓這個業務革新的過程自動化，帶動企業的持續優化。

當然，許多企業可能在過去幾十年來，已經開始蒐集它們的營運數據了。但是把傳統的交易數據，跟最近出現的無組織協作數據結合，能夠讓企業更清楚了解自己的運作方式，也更清楚消費者對商品的看法與使用習慣。而且利用大數據的統計分析，你會更了解自家企業和客戶的行為模式。透過數據化，組織能夠把提供商品服務的流程自動化、降低營運成本，然後提高企業的獲利率。

將業務流程數據化也能夠幫助企業加速產品研發腳步。如果你的目標是在十八個月內把產品研發的週期砍半，那麼你就需要產品研發流程的數據，來幫助你了解研發腳步是否有跟上進度。

許多企業都已經開始進行數據化，建置像是企業資源規劃（ERP）這類關鍵部署系統了。然而，在這些企業當中，還是存在許多尚未被分析過或數據化的業務項目，而這些業務很可能就會成為企業發展的阻礙，拖累組織創新的步伐。把企業的所有業務都透過數據分析進行標準化，能夠加速企業的創新腳步，也能夠讓高層在做各項決策時，有明確的數據指標可以參考，讓企業更能夠應付變幻詭譎的市場需求。

—讓數據與經驗和直覺相輔相成—

雖然要管理巨量資訊可能很勞民傷財，但是它所帶來的利潤也可以非常驚人。因為巨量數據越來越唾手可得，可以用來拆解它的工具也越來越多元，所以，企業也漸漸開始針對數據分析投入資源。不過，這場大數據的革命在二〇二〇年之前就一定會完成，到時能夠擁抱數據的企業就會如魚得水，而無法駕馭巨量數據的組織則會想要退出市場。

這樣的預測或許很大膽，但是根據現在市場革新的腳步來看，今天的商機很快就會變成未來的常態；而無法融入新常態的企業，就會面臨倒閉的命運。今日市場上的企業龍頭，都已經開始將大數據分析視為重要的營運項目了。如果你的組織還沒有跟上這股趨勢，企業可能很快就會小命不保了。IBM也在二〇一三年時，就大膽預測了它們的數據分析諮詢業務，將會在二〇一五年的時候超過兩百億美元，也就是在短短五年內倍增。

聰明的企業必須要及早開始為了大數據未來做準備，重新調整和學習必要的數據分析技能。在未來的十年內，能夠駕馭大數據，就能夠創造出企業的市場差異性，也就能夠在商場上擊敗對手。不管你的背景和技能為何，只要能夠掌握大數據，就能夠在市場上交出亮眼的成績。

● 全面建構業務流程的評估機制

一、及早為組織裡的所有業務流程，建立對應的評估與管理矩陣。

二、如第十四章和第十五章所言，所建置的評估矩陣要能夠讓你測量業務走向是否符合企業策略，以及產品研發和創新的腳步是否跟上時代。

三、評估系統要納入非傳統的數據蒐集管道，像是電郵、企業內部社群媒體、協作平台，以及客服溝通系統等等。有效率的企業會實施三百六十度的全面員工績效評估，所以，你也應該要針對業務流程以及商品服務做全面性的檢討。

16. 流程數據化
打造亮眼績效的關鍵矩陣

我們在第九章提到過，企業裡的業務可以被分割成許多子項目，每個項目也都會產生出各自不同的產品或服務。每一項產品或服務的業務，都可以看成企業的一個產出單位，而如果這些單位沒有市場差異化，就應該外包給其他公司處理，好提升營運效率。要把企業流程切割成可外包的單位，重點就在於精準定義它的業務內容和特色。如果能夠完整定義這項業務，你就可以順利把這項流程打包起來，安心交給別人去處理。

我在前一個章節也提到過數據化的概念，而現在我要再繼續擴展它的定義。在進行數據化的時候，企業必須建置能夠定義所有業務流程的矩陣，其中包含該投入的資源、該達成的結果，以及業務操作的各項步驟。這聽起來可能沒什麼，不過就是基礎的系統建置罷了，而且你可能認為自己的企業早就已經完成這樣的數據化了。

但是，請你仔細想想，你的組織在過去十年有沒有把業務外包出去過？如果有的話，那麼外包的成效都還滿意嗎？你應該也有不滿意外包服務的經驗吧？或許是成效品質不如預期，或是因為合約沒寫清楚，所以做出來的商品跟你期待的不一樣？如果你有外包業務的經驗，但是都沒有遇到上述的問題，那你真的算是非常幸運的少數。

我在商場上看過非常多外包業務的例子，而大部分都沒有企業預期的順利。當然，這其中影響的因素非常多，但是我相信，外包會失敗的最重要原因，就是企業沒有清楚定義外包工作該達到的成果，以及達成目標的流程。如果承包商無法達到企業的期待，通常都是因為企業並沒有提供清楚的定義，來規範該投入的資源、該達成的目標，以及應該使用的步驟。

定義關鍵評估矩陣：抓出累贅流程，提升營運效率

數據化的過程，最重要的就是要清楚定義每項業務流程的評估矩陣。大部分的企業都已經在使用矩陣來評估業務績效了，許多主管也很習慣透過檢視大量週報表或月報表，來決定業務是否順利運作。但是，我發現大部分企業所使用的績效矩陣都只管最終成績，而沒有針對階段性的業務成效來做評估。這常常是企業在做績效評估時的盲點，因為組織最關心的就是企業盈餘，所以，評估矩陣自然就會著重於投入資源（成本）和銷售額（營收）。

這些數據當然也是衡量企業是否健康的重要指標，因為它能夠呈現出組織的財務狀況。

但是，現在的企業在追求效率與彈性的同時，也被迫將許多業務項目都外包出去，所以只看最終結果的評估矩陣，就變得無用武之地了。因為這類矩陣所評估的項目包含成本、營收和獲利率，都已經是業務流程最終結果；這些數據能夠告訴你業務流程的成效如何，卻沒辦法告訴你流程當中哪裡有問題，以及有哪些改善的空間。

如果想要透過改善效率和彈性來提升企業營運速度，就一定得檢視業務流程中有哪些環節需要改善。所以，使用的評估矩陣就必須要檢視業務流程的各個子項目，才能夠揪出問題癥結點。這樣較精準細緻的評估矩陣，會產生比以前多很多的數據，但是這些數據能夠幫助組織優化流程，並加速業務流程創新。不管你想要透過提高生產效率來壓低產品價格，還是要為消費者提供更客製化的服務，使用正確且精確的評估矩陣，才能夠讓你蒐集到真正有用的資訊，幫助你提高業界的競爭力。

當然，不同產業會需要使用不同的評估矩陣，但是就如同我們在第十三章提到的，你應該要擷取的數據，是要能夠幫助你創造出市場差異性的資訊，所以會取決於你採用的是什麼樣的市場策略。如果你主打的是低價商品，你可能就不需要去分析消費者的推特和臉書資訊；你該做的是要分析與聯邦快遞（FedEx）或是優比速（UPS）這類物流公司合作，來提供消費者即時的商品追蹤。但如果你的主力是高端市場，那麼消費者的意見和回饋就會是最寶貴的數據，所以，蒐集分析推特和臉書上的討論串資訊，才能夠幫助你的企業提供更好的服務。

建置控管機制

一旦所有組織業務都有了對應的評估矩陣之後，下一步就是要建立控管機制，也就是要在評估矩陣中設定門檻，這樣你就可以輕易分辨出來有哪些業務流程達標。市面上有許多著作都在談如何設定評估矩陣門檻，也就是所謂的「統計製程管制」（Statistical Process Control，ＳＰＣ）。許多製造業公司都透過「統計製程管制」來找出製程中的缺陷、改善生產效率。像是奇異、３Ｍ、福特和摩托羅拉等等大公司，都有許多成功利用「統計製程管制」來大幅改善生產效能的案例。

這個概念其實早在二十年前就出現了，但是許多企業都還沒好好利用這種管理技巧來提升營運效率，尤其是企業流程比較無法用數據化指標來衡量的組織。典型的例子包含人才雇用、行銷廣告或是客戶關係管理這類業務。而這幾個部分，也是企業常常會想要透過外包來提升效率的項目。

因為這類業務通常沒有評估矩陣和監管機制來定義它的工作範圍，也就難怪外包的成效會不好了。但問題並不是承包商沒有能力操作業務，而是企業根本就沒有清楚定義業務該如何操作，也沒有建置監管機制，當然也就無法監控這些外包的業務流程，以及在問題發生時做即時的修正。

如果你也跟我一樣，相信未來的所有組織業務都會躍上雲端，那麼你應該也會了解實施評估矩陣和建立監管機制的重要性，因為這會幫助你掌握未來市場上更多的重要資源。尤其如果是要把業務子項目外包給許多不同的專業承包商，那麼這類的評估和監管系統就會是企業不可或缺的管理工具。

從分析到優化，有效整合每一個環節

在建置好績效矩陣和監管機制之後，接下來就是要分析業務流程的運作效率，然後進行優化。在優化的過程中，有許多業務項目一定會需要外包給專業承包商來負責，而現在企業也能夠透過監管機制來輕鬆掌握外包的業務品質。

要達到優化，企業就必須要能夠有效整合各項業務，才會確保終端商品的品質。如果組織中有大量的業務流程都外包給不同專業的承包商處理，那麼要成功生產出終端商品的最重要影響因素，就取決於企業是否能統整外包出去的各個業務環節，讓它們彼此相互效力。未來的成功企業，一定都是能夠有效掌握每個外包環節、掌握即時的外包業務營運數據，然後利用資訊把運作效率最大化的組織。企業除了要追求速度，還必須能夠精準掌握外包業務的運作，統整各環節之間的串聯，才能夠在市場上勝出。

對於低價市場的競爭者來說，要成功優化各環節業務，其實是一大挑戰。因為隨著企業營運越來越有效率，提高獲利能力的唯一辦法就是衝高銷售量。而要衝高銷售量，企業就必須有辦法精準預測消費者未來任何時間點的需求量。

對高端市場業者來說，優化業務更是難上加難。企業必須要了解成千上萬消費者的個別需求，然後針對他們的需求來調整業務運作方式。因此，這類企業必須找出自己的強項和核心運作項目；找到自己的優勢之後，就要把這些業務環節的效率提升到最高，或是針對核心商品大量進貨，好在消費者需求出現的那一刻，就有能力滿足他們的消費欲望，抓住每個客戶的心。

蛋糕師傅的優化：保留最有價值的裝飾流程

舉個例子可能會比較容易了解。假設你是一位著名的婚禮蛋糕師傅，你的每個蛋糕都是為客戶量身打造的，而且以新穎的樣式聞名。你的服務價值就在於能夠為客戶做出獨一無二的婚禮蛋糕。一般來說，蛋糕會需要客製化的部分，都在糖霜或者是翻糖的裝飾設計上，而底層的蛋糕通常都拿普通形狀的蛋糕，依照設計需求來切割。

在製作蛋糕這個業務流程中，其中一個不可或缺的項目，就是蛋糕體本身。但是仔細研究製作蛋糕的價值鏈，你就會發現，著名的蛋糕師傅做出來的客製化婚禮蛋糕可能可以賣到好幾千美元，但是蛋糕體本身的成本可能只值五到十美元。跟終端商品相比，蛋糕本身非常便宜，但卻是商業流程中少不了的一項業務。

蛋糕師傅通常會提供幾種不同的蛋糕口味讓客人選擇，但其實蛋糕口味也不過就那幾種。除了口味之外，蛋糕只有幾款固定形狀（圓形、方形、長方形），所以，蛋糕體本身這項低價業務就可以透過優化，來提升整體蛋糕製作流程的效率和彈性。更具體地說，要進行哪些優化，才能夠換取最大的營收和利潤呢？

如果你的蛋糕店提供十種不同口味（香草、巧克力等）和五種不同形狀供客戶挑選，總共就會有五十五種不同的蛋糕體組合。而既然蛋糕可以冷凍很久都不會壞，你就應該要隨時都有這五十五種蛋糕體的庫存，這樣只要一接到新訂單，你就立刻能夠開工做裝飾。另外一種更好的做法是，把製作蛋糕體的業務發包給其他蛋糕師傅，自己只負責做客製化部分的設計和裝飾就好了。同樣地，因為跟蛋糕成品的總價比起來，蛋糕體本身非常便宜，所以在店裡多存些貨，不但不會造成你的財務負擔，也會讓你的蛋糕事業更有效率和彈性。

只要蛋糕體本身的品質還不錯，不會讓客戶抱怨，製作蛋糕體的這項業務流程交給誰做都沒有差，完全不會影響終端商品的價值。你唯一要確保的就是，隨時都有蛋糕體可以用。最糟的狀況就是，因為這五到十美元的蛋糕體缺貨，而做不成幾千美元的生意。所以，你要嘛就是隨時有蛋糕存貨，要嘛就是跟外包的蛋糕師傅合作，請他隨時提供你要用的蛋糕體。

在這個例子中，最重要的業務流程在於服務加值的設計裝飾部分，而非低價的蛋糕本身。但是蛋糕體和其他低價的材料，當然也是製作終端商品時不可或缺的環節。但如果你要將這個蛋糕事業的利潤最大化，就要能夠滿足每一位客戶的獨特需求；也就是說，千萬不要因小失大，因為蛋糕體庫存不夠而丟掉蛋糕訂單。

所以，在這裡需要採取的數據化步驟，是確保店裡隨時都有五十五種不同口味和形狀的蛋糕體，這樣客戶一來，你就能夠滿足他的需求。當然，這些存貨可能會在還沒賣出去之前就壞了、過期了，但是兩百個蛋糕體的成本加起來，可能都還不及一個蛋糕成品的售價，所以，隨時保持庫存量還是比較符合經濟效益。

另一方面，如果你的公司主打的是低價商品，產品也跟競爭對手沒有太大的差異，你就必須要嚴格控管每一項業務流程，把各項成本降到最低，這時，你的角色就比較像是生產蛋糕體的師傅了。在今日的商場上，消費者透過網路掌握了非常豐富的資訊，使得市場達到了近乎完全競爭的理想境界，在這種環境下，壓低每個環節的成本就顯得更為重要。

業務流程數據化並不是今日商場上的新概念，但是在未來十年間，企業在進行優化時所需要用到的績效矩陣和建置的監管機制，將會不斷快速擴大與深化。隨著企業腳步越來越快，規模越來越大，外包市場越來越成熟，組織必然也需要依賴更多的自動化流程監控機制，來統整所有的業務項目、達成企業的營運目標。而要順利統整所有商業環節，就必須蒐集並分析大量的企業營運數據，好讓組織能夠在數據大爆炸時代，找到生存的策略。

● 讓績效矩陣為你監控一切

一、定義企業所有業務流程的主要目標與範圍；要確認每個環節中所需投入的資源和期望的結果，才能夠利用績效矩陣，衡量企業運作是否順利。

二、在定義出各項業務的績效矩陣之後，就該建置監管機制來監控業務流程，並透過優化和外包提升營運效率。

三、企業在透過績效矩陣和監管機制，提升了業務流程效率之後，應該進一步再利用數據分析、業務外包和預測需求來優化營運模式。這麼做的其中一個重要目的，就是加速企業商品研發創新的腳步，達成每十二到十八個月就可以把週期減半。

17. 任務遊戲化

從顧客到員工，玩出甩不開的黏著力

我們在第四章討論過，網路娛樂已經成為一股塑造文化的強大力量了。許多網路企業的成敗與否，都在於是否能夠引起使用者興趣，並提供他們有趣的服務。現在大多數人都很習慣闖關解任務，喜歡突破層層關卡然後拿高分升級的感覺。如果遊戲的設定讓你能夠跟其他人一較高下，或者得到什麼獎賞，就會更吸引人。在未來十年內，用「遊戲化」把上述闖關模式套用到工作上，會是非常關鍵的網路策略之一。

簡單來說，遊戲化就是把遊戲或是運動的架構（競爭、得分、獎勵等等），應用到企業營運上。用一個歷久彌新的電玩遊戲——俄羅斯方塊為例，玩家的任務是要把掉下來的方塊設法排成一排，堆疊整齊的方塊就會消失。若能重複達成這樣的任務，把方塊排成一排，累積的分數也會越來越高。遊戲難度當然會越玩越高，方塊掉落的速度也會越來越快，一直到玩家沒辦法應付、無法清除方塊時，遊戲就會結束。而玩家會不斷想要挑戰高分，精進自己的電玩能力。

如果要把遊戲化套在組織業務上，我們就需要利用這套同樣的規則，來提升業務運作的效率，產出更好的商品。我們在第十四章中提過企業必須要加速發展，假設我們現在的目標是要在投入資源不變的情況下，把某項業務流程的生產量提升兩倍，那麼遊戲化就會派上很大的用場。

我們只需要建立一套計分機制，讓所有業務參與者都能夠看到每一個人的分數，然後幫他們設定好生產量倍增的目標。你會驚訝地發現，只因為有這樣正面的回饋機制，業務生產量就會大幅度增加。當我們把遊戲化的概念套用到較無趣、較簡單的任務上時，使用者就會有動力去完成它，並設法提高分數；而當任務非常困難時，參與遊戲的玩家就更可能發揮創意，來設法闖關拿高分。所以，遊戲化會刺激創新，而且需要花費的成本非常低。

—麥當勞：地產大亨貼紙，讓消費者捧著荷包一再回流—

你可能沒發現，許多像是家得寶、亞馬遜和沃爾瑪這類大公司，都已經開始採用遊戲化的做法，而且也已經看到顯著的成效了。遊戲化有趣的地方在於，它不僅可以激勵員工，同時可以吸引客戶不斷上門。不管是員工還是消費者，遊戲化都為他們提供了誘因。所以如果遊戲化使用得當，你不僅可以提高員工生產力，還能夠吸引消費者，讓他們帶著荷包一次又一次回到你的店裡。

如果你在過去二十年來，曾經蒐集過麥當勞的地產大亨遊戲貼紙，你就是位受過遊戲化吸引的消費者了。麥當勞的地產大亨遊戲非常受歡迎，這種行銷手法也很成功地讓消費者一而再、再而三地上門。但是你有沒有覺得很奇怪，為什麼只有購買某些商品才會送貼紙呢？因為這些都是利潤最高的品項，所以，麥當勞希望透過送活動貼紙來衝高銷量。而這些品項的利潤整個加起來，絕對遠超過生產貼紙的成本。

另外，會送貼紙的品項很多都是菜單上的單點品，也是你平常不會點的東西（很少人會單獨點小薯或中可），所以，送貼紙也能夠提高這些商品的銷售量。這個例子可能跟電子商務和數據分析沒什麼關聯，但是這裡的重點是要凸顯遊戲化對消費者的強大影響力。

如何讓遊戲化為企業創造價值？

要開始把企業遊戲化，最簡單的做法就是在公司的協作工具中，建立評分的機制；希望你的公司已經跟上時代，建置好協作系統了。微軟的 SharePoint 雖然不是市場上唯一的協作工具，但是它的全球普及率超過七〇％，很多公司甚至沒有意識到他們已經在使用這套協作系統了。SharePoint 這套軟體能夠讓使用者發布並分享文件、開啟各種話題的線上討論串、提供工作團隊虛擬的會議室進行線上協作，以及其他許多管理生產力的功能。使用者對這套軟體的反應很兩極，不是愛不釋手、就是興趣缺缺。對於喜歡 SharePoint 的企業來說，這套工具就成了團隊合作不可或缺的關鍵工具。

微軟同時也在 SharePoint 的所有功能上，都加入了打分數的元素。使用者只要讀過 SharePoint 上的某篇貼文，就可以為貼文打分數，針對它的商業價值、內容品質、業務關聯性等等來做評比。也就是說，SharePoint 是一套已經遊戲化的軟體。除此之外，使用者也可以針對文章排名或按讚。這套軟體也會根據使用者所輸入的資料及其品質，建立一套數據。所以，其實許多企業已經開始遊戲化了，雖然許多企業主管都還沒打算主動採取這個策略。

像臉書這類社群媒體，也是遊戲化的標準案例。臉書上的使用者只能夠針對你的貼文按讚，而這也是一種可追蹤的計分系統。所以如果你的企業已開始經營臉書，就算已經實行遊戲化了。

那麼，要如何利用遊戲化來為企業創造價值呢？關鍵很簡單，就是要認真看待並實施這項策略，而且要有信心。雖然遊戲化的策略聽起來好像很輕鬆有趣，但它其實是非常符合科學的做法，也需要嚴謹的管理才能夠達成期望的效果。組織裡如果有人反對這樣的策略（真的一定會有），你可以提醒他，電玩市場有多大，而且遊戲的概念都深植在每位員工和顧客的心中。今天連軍方在做訓練的時候，都已經融入了大量的遊戲化概念。如果連危險嚴肅的戰爭演練都引用了遊戲化，為什麼在商場上不行呢？

計分與獎賞，營造深度參與感

當組織開始把遊戲化融入企業運作時，許多員工都會出現有趣的反應——有些人不喜歡，因為不想要自己的工作表現被同儕和顧客打分數；另外也有些員工非常如魚得水，他們通常早就想要聽聽別人的意見了。那麼你該派哪些員工去推廣遊戲化的策略呢？當然是後者囉！

你可以開始在協作平台和社群媒體網站上，建立計分和獎賞的機制。獎品不一定需要很豐富，但是一定要公開表揚獲獎的員工。這樣做能夠強化員工認真參與遊戲的意願，而且這個模式也適用在客戶身上。當遊戲參與者表現越來越好、分數越來越高時，不僅要慶祝這些企業進展的里程碑，同時也要訂出更有挑戰性的目標。

不用多久，遊戲化的策略就會讓參與者更加投入，提供更多能幫助企業進步的好點子。如果這些想法是員工所提，他一定是值得你重用的好人才；如果創新來自客戶，那麼他多半已經是貴企業的大戶了，現在則更進一步免費提供點子給你。

行動思維時代：手機螢幕上的搶客大戰

行動商品和服務的市值，估計在二〇一六年之前會超過一兆美元[1]；到了二〇二〇年，這個市場很可能會再成長個兩到三倍。不管你來自哪個產業、企業規模多大、所處什麼區域，如果在二〇二〇年之前還無法把一半的業務跟行動市場做結合，你的企業可能就有危險了。我這裡所指的業務，包含了與客戶互動的外部業務，以及和組織內員工與供應鏈上其他商家互動的內部業務。你不只應該把一半的業務與行動裝置整合，而且使用行動管道的比例越高越好。

拉回到二〇一三年，消費者在智慧型手機上最常用的功能，就是玩遊戲[2]，講電話和上網的比例都比較低。所以如果你已經準備要利用遊戲化來幫助企業成長，而且想要參與未來十年行動市場的爆炸性發展，現在就是最好的時機！如果企業能夠成功把客戶的行動裝置體驗遊戲化，就能打敗其他競爭者，吸引消費者的眼球（我們在第十章所預測的搶客大戰）。未來十年內，我相信聰明的企業，都會把遊戲化視為提高企業生產力的祕密武器。

—最初階的遊戲化：線上客服，化負評為商機—

請上YouTube搜尋看看，有沒有消費者在討論貴企業所提供的商品或服務。你應該要找得到幾部討論你商品的影片，如果都沒有的話，真的該擔心了。使用者每天上傳到YouTube的影片何其多，如果真的完全沒有人在討論，那真的是很大的問題。

但是，如果你搜尋到的資料都是負面的批評，怎麼辦？恭喜你了！這是一個絕佳的行銷機會，不過你一定要馬上果斷地做出回應。如果有網友批評你的產品，就要感謝他願意提供寶貴的意見。回應他的意見，通常就能夠軟化他的態度；你如果正視他的想法，那麼他的意見不僅能夠幫助你改善產品，有誠意的接納，搞不好也能夠扭轉他的看法。而且他既然會公開在網路上批評你的產品，也就非常可能公開跟網友分享你們的互動，跟大家報告你們的客服態度很好。這就是遊戲化非常初階的應用，但也是最常見、最普遍的做法，許多企業也都已經在實行了。

—打造互動平台，讓消費者玩出甩不開的黏著度—

當你把遊戲化帶入企業運作流程時，也會需要許多新工具來追蹤和管理遊戲分數。需要建立使用者回饋機制、追蹤不同任務與不同玩家的分數，還要建立能夠獎勵高分玩家的管理機制。市面上現在已經有很多工具能夠支援上述功能了，或是能夠管理遊戲化的軟體。

雖然實施遊戲化會需要投入額外的經歷、時間和金錢，但是它的成效絕對會讓你感到值回票價。遊戲化能夠讓你發掘企業裡真正全心投入的人才，光是這點就非常值得。另一方面，雖然建置線上的遊戲化行銷管道可能很花錢，但是你能從中擷取的客戶資料，和從巨量數據中可以分析出來的有價值客戶資訊，絕對不會讓你白花錢。

遊戲化同時也會吸引消費者，讓客戶和企業的關係更加親密。這是一個能提高消費者參與度的絕佳做法。不管是透過玩遊戲、寫部落格或者是上傳影片，現在的消費者都非常享受「參與」的感覺。所以如果你提供了一個平台，讓消費者能夠在提供意見的同時，也接收到其他人的回應，他們一定會對這樣的平台愛不釋手；自己的意見能夠得到他人的回饋，是一種非常令人上癮的感覺，而企業就要設法利用遊戲化，來為消費者創造出這種感覺。

如果仔細觀察市場，你會發現很多成功的企業早就已經擁抱遊戲化了。因為引進了遊戲化的概念，包含計分、闖關、晉級和獎勵等做法，他們的員工和客戶已經開始為企業創造出許多額外的價值。所以，工作其實不一定都要一板一眼，甚至是沒有人性的。

透過遊戲化的應用，員工和客戶都能夠很快樂地為企業做出貢獻。要記住，不管投入遊戲化的資源有多少，跟它的成效比起來，花費的心力都只是滄海一粟罷了。遊戲化絕對會讓你把企業的人力資源發揮到淋漓盡致，同時也大大提升營運流程的效率。因為我們在第一部和第二部中所提到的種種商場轉型，遊戲化絕對是未來企業致勝的關鍵策略。

●找出最投入遊戲化的員工與客戶

一、盡快把遊戲化融入企業內部協作平台當中。找出最投入遊戲化的員工，獎勵他們對企業的付出。

二、把遊戲化也融入企業與客戶在網路上的互動，不管是在公司網站上、部落格，或是社群媒體平台上。同樣也找出最投入遊戲化的客戶，設法吸引所有客戶都投入遊戲化互動，讓他們幫助企業創造價值。

三、建置相對的數據分析機制，才能好好利用遊戲化所創造出的消費者數據。解讀數據的目標是要找出遊戲化的哪個環節能為企業增加獲利，然後盡快強化、發展這個業務環節。

四、訂定策略和預算，來把你的遊戲化策略化為實際的財務績效。利用金錢和精神上的誘因，吸引消費者加入你的遊戲化平台，進一步提升營收和獲利。

18. 外包細緻化
讓上千承包商與消費者為你賣命

在第九章我們提到巨量的企業數據，能夠讓組織把業務量子化，外包給專業承包商處理。這種現象催促了外包業的形成，讓企業願意放手把許多業務項目都交給組織外部的人來管理。能夠善用外包的公司，就可以優化他們的營運流程，用最低的成本，仍創造出符合企業標準的商品。

沛齊（Paychex）和安布羅斯人力資源（Ambrose HR），就是外包業發展的兩個成功案例。這兩家公司提供的，都是非常實用且可靠的承包服務。類似組織所提供的外包服務，就跟家裡用的水電一樣重要，但是又讓人幾乎察覺不到他們的存在。除此之外，他們提供的服務價格，遠比企業自己花錢來做還要便宜。所以，現在大部分的風險投資人在投資新創企業時，如果這些新創企業沒有好好利用這類外包資源，來處理企業基礎業務，他們就根本不會考慮投資。

這類承包商的表現亮眼，全都是因為他們能夠處理和運用大量的數據來優化業務流程。隨著他們的客戶越來越多，能夠幫助他們提升效率和降低成本的數據資料也會越來越多，讓他們對業務運作有更深的認識。因為這樣的效率，他們所提供的外包服務，會比企業自己來做還好，這也是外包業的市值會在二〇一三年底增長到一兆美元的主因[1]。

目前大部分的外包工作都是以目的導向為主，也就是說，企業會把某項公司業務項目完整地發包給某家承包商，不管是人資管理、客戶關係管理，還是薪資發放，都是以完整流程發包來處理。但是，這樣的趨勢將會在未來十年慢慢改變。市場上會出現更多專精業務子項目的承包商，讓外包的業務分得更細緻。

—多重外包：外包商的承包商的承包商—

推動外包產業高度量子化的主要動力，就是企業想要追求更高的效率和更大的彈性。如同我們在第十三章討論過的，商業環境的改變，會迫使企業追求營運流程的效率和彈性來求生存。目前已經有許多財星千大企業把許多業務外包出去了，所以現在外包業裡的承包商，也迫於壓力而要提升自己的效率和彈性。

承包商如果要提高效率和彈性，也一樣要把本身的業務流程切割成更小的業務單位，然後把其中一部分業務項目，發包給專業的承包商去處理。舉例來說，沛齊是承包企業薪資發放業務的公司，在業界具有領先地位。但為了追求營運效率，沛齊把印刷業務發包給第三方承包商去處理，而不動用組織內部的資源。而為了要把效率持續提高，沛齊很可能會鼓勵其他印刷承包商也進到這個市場區塊來發展，因為只要有幾家廠商同時爭搶他們家的印刷業務，外包的價格就會降低，這樣的市場競爭會讓沛齊節省成本，進而提升自己在承包業務時的競爭力。

我認為在二〇二〇年之前，社群媒體化、情境化、量子化，以及就業市場的全球化，會讓分工市場越來越專業，切割越來越細。這股趨勢接著也會造就群眾外包的普及。我這裡指的群眾外包，是把需要完成的業務分割成非常小的單位，然後交給很多不同的服務提供者去完成。

隨著群眾外包市場逐漸成熟，它也會為承包商創造更高的效率和彈性，而這就是企業保持競爭力的關鍵。除此之外，許多（或全部）群眾外包的業務，下一步也會變成以雲端外包來處理。雲端外包會讓發包業務的組織失去一些控管外包工作的能力，業主會無法知道承包商是誰，或是業務流程怎麼做；但是雲端外包所帶來的好處，會讓業主願意寬心地把業務拋上雲端去。

—Linux 作業系統：靠群眾外包與 Windows 並駕齊驅—

其實，群眾外包和雲端外包都不是什麼新概念，它們跟網路差不多是同時出現的。群眾外包最好的例子，應該就是 Linux 作業系統的發展。Linux 會誕生，是因為創始人想要發展一套開放的作業系統，讓所有人都可以免費使用。幾年下來，上千位使用者付出了他們的時間、精力和專業，讓這套作業系統能夠跟 Unix 或微軟的 Windows 並駕齊驅。

Linux 後來在幾家公司的帶領下進行了商業化，像是紅帽（RedHat）就利用強打作業系統本身的高效率，成功搶攻了業界對手的市占率。Linux 因此成為許多財星千大公司內部使用的標準系統，證明了群眾外包模式的確可以很成功。

群眾外包，顧名思義就是要靠群眾的參與來處理大量的業務，這個過程也很自然會創造出大量的數據。如果能夠好好利用這些數據，企業就能夠進一步調整及優化群眾外包的模式，並且利用遊戲化的策略，延攬最適合的群眾來分工。但同樣地，群眾外包會是企業經歷了第二部所提到的六大趨勢、以及採用我們在第三部所提到的五大策略之後，所進行的下一個優化步驟。

—從一開始就該做到的外包導向—

企業在設計業務流程的時候，就必須開始考量外包的需求。透過運用遊戲化、量子化、數據化，以及其他先前提過的原則，你可以設計出能適應未來十年市場環境轉變的營運流程。適當借助專業外包市場的幫助，能夠讓你的組織在越來越社群化的市場上更有競爭力。因此，一套能夠與外包市場無縫接軌的業務流程，就能夠讓你迎向成功。

我們先前提過，量子化能讓你把組織內部業務，打包成能夠發包出去的小單位。數據化能提供評估矩陣和監控機制，確保外包品質達到企業期望。社群化則會讓企業好好跟客戶或承包商互動，並在有需求的時候，安心地把業務發包出去。最後，遊戲化則是確保企業和承包商能夠快快樂樂地合作，並且提供精神上的鼓勵和物質上的獎賞，激勵承包商為你賣命。談到這裡，我希望你已經了解到這幾股勢力密不可分的關係，而你的企業在回應這些趨勢的時候，也必須考量到它們之間的交互作用。

—鼓勵市場專業化發展、吸引更多資源投入—

如果要把營運效率和彈性持續往上提升，外包業務企業和第一手承包商就必須鼓勵外包市場的多元發展。外包業的起步可能很慢，但是它未來成長的速度，一定會跟上這個時代的腳步，也就是以爆炸性的姿態增長。

這股趨勢背後的推動力很明顯：因為社群媒體平台的普及，讓這些平台也能作為媒合大量人力和企業需求的工具。因為嬰兒潮世代已經開始退出勞動市場，所以，人力資源會越來越吃緊。隨著企業紛紛追求更高的營運效率和彈性，外包市場也會跟著蓬勃發展；雲端運算的成熟和量子化趨勢，都會讓企業外包的過程更加簡便。因此，不管是企業還是承包商，我們應該要鼓勵更多參與者投入外包市場的每個區塊，這樣不僅能夠在短期內幫助企業獲利，更關係到長程的企業生存。

另一股會助長群眾外包和雲端外包的力量，則是遊戲化的普及。一旦企業把遊戲化融入核心業務，他們一定會進一步開始設法從中獲利。這當然會帶動另一股新的市場力量，企業也應該要好好把握其中商機。

我們前面也有提過，遊戲化的其中一個發展，就是它會為企業帶來一批全新的勞動力。現在全球超過六十億的群眾，時時刻刻都在尋找新鮮感，所以如果企業能夠提供他們娛樂和別出心裁的體驗，一定可以成功吸引大量的人才。不僅如此，這些有才華的群眾不但會為你賣命，而且不花你一毛錢。他們都願意拿自己的時間和精力來換取遊戲點數、虛擬禮品，和其他精神上的獎賞。

如果你覺得這樣的商業模式不可能成功，那就看看那些大膽擁抱創新的業界領袖吧！美國美妝店Sephora、電信公司威訊（Verizon）、家飾零售商家得寶，都成功鼓勵消費者參與組織業務，讓他們成為企業的得力助手。他們深耕社群媒體，鼓勵使用者創造各類內容來為自己行銷產品，包含了商品試用開箱、品項推薦、產品教學和各式宣傳素材。消費者在創造這些內容時，也會同時對商品產生更高的忠誠度，購買更多企業商品。

舉家得寶為例，他們的官網上有許多線上教學，讓消費者更清楚知道怎麼樣使用某項商品。當然有部分內容是家得寶員工上傳的，不過絕大多數的內容都是由顧客提供。家得寶鼓勵他們的消費者，在官網上跟其他人分享他們的使用心得和創意。家得寶根本不需要花錢，光是利用群眾的力量，就可以為客戶提供這麼多有用的資訊和教學。

—家得寶：讓消費者替你賣命—

那麼，要怎麼樣才能夠利用這股群眾的力量呢？要如何才能讓消費者為你賣命？要達成這個目標，你必須好好利用社群媒體化、雲端化和遊戲化，推出能夠吸引消費者的獎勵，好讓他們心甘情願為你的企業創造出有價值的內容。

截至二〇一三年為止，許多企業都已經成功達成上述目標了。家得寶的線上布局就是個很好的例子。因為家得寶的大部分客戶都喜歡自己動手做，所以他就鼓勵許多消費者創造大量動手做的教學影片和線上問答。這不但讓家得寶的客戶能夠取得更多資源，同時也強化了家得寶的企業形象。這些豐富的線上教學資源，讓家得寶不再只是單純的零售商，更成為了解決方案的提供者。

在家得寶的網站上，有一個使用者可以貼文分享經驗的部落格，其中內容包括產品使用心得、小撇步、組裝步驟建議，還有許多如何改善家居生活的各式做法。絕大多數的貼文都是消費者提供的，不過，家得寶當然也會針對內容做一些控管。消費者也能夠針對貼文做出評比，這也是遊戲化實際應用的例子。

如果要再進一步的話，家得寶還可以跟這些願意分享他們寶貴經驗的消費者聯絡，付錢請他們幫忙回答其他顧客的問題，或者是創造出更多線上內容。也就是說，家得寶可以先把這一塊單純的業務，交給群眾外包去處理，然後在累積了一些操作經驗之後，接著把更多業務下放到群眾的手上去，充分利用他們的才華和專業。

當然，使用群眾外包也有些需要注意的事項。這裡提出兩點來討論。首先，家得寶必須確保提供內容的使用者夠專業，而且能夠跟家得寶合作愉快。第二，家得寶在運用使用者的創作內容時，也需要確定運用方式不會造成任何法律或其他風險。如果忽略了上述兩點，企業可能在使用群眾外包時遇到很多阻礙，無法順利執行。

不過，隨著外包市場的發展日趨成熟，上述兩類問題自然會有產業的協調者找出解決方案。這也是外包產業建置業界規範的好處之一，透過認證和查核的機制，參與市場的發包商和承包商都能更放心地使用這項服務。

讓承包商和消費者共同為你做事

未來十年內，我們現在在社群媒體上看到使用者主動創造的內容和討論，都會發展成真正的企業業務。在遊戲化情境中能夠得到高分的使用者，將會變成企業的外部諮詢師。企業會越來越倚重這些人的意見，他們所創造出的豐富內容，會讓組織想要正式地贊助他們，付錢請他們繼續為企業創造內容、提供意見。靠著吃Subway三明治，最後成功瘦身達一百一十公斤的大學生福格爾，就是照這種模式成了Subway的代言人。

這類消費者能夠為企業所做的事會越來越多元，他們的角色也會越來越像是企業員工。不僅如此，他們所收到的報酬也會跟傳統的承包商或是顧問相似。舉例來說，今天的消費者可能會在公司網站上貼出他們的產品心得分享，但在五年後，參與度高的消費者可能就會被邀請參與公司商品的研發，而他們得到的獎賞也不再是虛擬的點數或折扣，而變成白花花的鈔票了。

這類型的改變會慢慢發生，但可能不會是來自企業刻意的主導。因為一旦企業發現有超人氣的消費者在網路上，真心推薦自家商品，那麼跟他們合作、提供他們更多的誘因或獎賞，也都是非常自然的發展。

隨著外包的趨勢越來越成熟，這種現象會跟著越來越普遍，企業中也會有越來越多的業務交出去給別人負責。組織營運一定要整合這些外包市場中，以爆炸性速度在發展的各個專業化領域，這樣，企業才能夠適應並利用這股快速增長的群眾外包趨勢。

群眾外包趨勢會讓企業把內部的各項業務項目，切割成它們最基本的單位；每項業務都會清楚定義它的執行步驟、該投入的資源，和該達成的結果（量子化）。既然所有業務項目都有了清楚的分工，就能夠外包給最專業、最有效率、成本最低的競標承包商去處理。這會比整套業務都外包給同一家廠商還要有效率。因為承包商不一定有能力控管業務流程的每一個環節，但是當組織把業務項目分項包給不同承包商時，組織還是能夠自己監控各個項目的品質。這樣雙贏的局面，讓企業能夠同時保有它對業務流程的掌控權，但也能夠享受到承包商高品質且低成本的服務。

—交出控管權，交換更高的競爭力—

外包轉型的最後一個階段，就是雲端外包。在這個階段，企業就必須要放棄一點對業務的掌控權了；但為了換取更高的效率和更有競爭力的價格，這樣的犧牲算是可以接受。企業會把所要外包的業務放上雲端，有意承包的公司或個人就可以來競標。得標者會依照企業所訂定的標準來執行業務，不過執行的過程則不受企業管轄；但雲端外包的重點就在這裡，雖然企業無法規定執行業務的流程，然而，這樣也會讓承包商有空間創新自己的業務流程，為你提供更有競爭力的服務，並且讓他們找到自己在市場上的優勢。

企業在剛開始的時候可能會很不習慣，畢竟要交出自己的控管權會讓人很不安心，企業也可能擔心這麼做，會有法規和責任歸屬上的疑慮。然而，我相信外包市場會越來越成熟，也會出現能夠回應這些法律疑慮的機制。

很多企業主管都跟我提過，他們非常想要把企業內部的法律業務，外包給專業的第三方事務所來處理。有趣的是，他們會想要把業務外包的原因，就在於法規和風險管理很困難，所以才會想要透過雲端來委外處理。因為能夠應付這些難題的專家可能不多，所以，企業要網羅這種人才也非常不容易。但透過雲端外包，許多企業就可以同時運用這些有限的專業人力資源。而這對中小企業來說、尤其是從事醫療或保險這些法規繁複的公司，雲端外包會是一大福音。

透過雲端外包，未來十年內會出現許多新的產業，許多新創公司也會如春筍般冒出，擁有專業技能的個人也會投入這些產業。而他們的努力，會讓企業的效率和彈性達到前所未有的高峰。這些新興的市場區塊和參與其中的企業，會同時貢獻和受惠於未來十年的資訊大爆炸，而爆炸的程度會巨大到沒有人能夠想像！

●完美的裡應外合，讓企業更有生產力

一、透過雲端化、數據化和分工化，讓企業能更輕鬆地把自家業務外包出去。

二、找出企業中擅長於統整業務流程的人才，這些人能夠幫助企業有效管理雲端外包的各項業務。

三、一旦外包市場開始發展，就要好好利用它們所帶來的效率和生產力。慢慢地把業務逐項外包，確保企業能夠適應這樣混合性的業務處理流程。

四、利用遊戲化來提高群眾外包的效率。藉由炒熱市場話題，吸引更多群眾為你賣命，並獎勵表現過人的參與者。

後記　二〇二〇年的生活場景

本書寫到這裡，你應該已經對大數據有深刻的了解了。從驅動巨量數據增長的幾股市場力量，到企業能夠使用的生存策略，這本書所提到的種種概念，都是希望你能夠發揮想像力，幫助自己的企業訂定出邁向成功的藍圖。

接下來，我勾勒出了幾幅二〇二〇年的生活場景，描述本書所提到的趨勢會對我們的日常生活帶來哪些影響。在每個場景中，我會回顧科技發展和革新的一些趨勢，也會談到相對應的社會發展。在每個例子裡，我會解釋未來的科技趨勢和發展會如何相互作用，為企業帶來各種新商機和新挑戰。

我對未來的預測當然不可能百分之百準確，但是我對自己非常有信心。因為現在科技進展腳步快得不可思議，所以到了二〇二〇年，這些預測搞不好還會顯得有點跟不上時代。但是我描繪這些未來生活的目的，主要在於讓企業更清楚了解，在經歷數據海嘯後的商業環境，會有什麼樣的轉變。透過具體的生活實例，你應該會有更清楚的概念，知道要如何透過全面性的策略，讓企業的各種成熟度往上提升（第二部的各個成熟度模型）。

─場景一：賭城假期─

二〇二〇年四月十日，星期五

比爾是一位房貸經理人，住在加州橘郡。他在星期五早上收到了一封電子郵件，來自賭城一家最新穎、最時尚的酒店。這家Epiphany酒店提供比爾一個非常優惠的賭城套裝行程，邀請他參加本週末一場在酒店舉行的登山車展，這場盛會預計會吸引超過五萬人。比爾能夠以二．五折的超優惠價格在Epiphany住兩晚，同時也能夠以二．五折的價格購買車展入場券。不僅如此，酒店還提供一張五十美元的折價券，讓他購買中意的登山車。

比爾看看行程之後發現，他今天晚上就有空到賭城去，然後在那裡住兩晚，星期天晚上再回來。雖然開車來回各要四個小時，不過套裝行程看起來滿好玩的，而且他也的確想要買登山車。於是他很開心地在臉書上跟朋友分享他要去賭城的計畫，然後繼續把週五的工作完成。

下班之後，比爾回家打包盥洗用具和一些衣物之後，就驅車出發了。他一路向北往賭城前進，開到差不多一半的時候，導航系統提醒他要停下來在泰德加油站加油。比爾用他的iPhone 12感應了油槍之後，就開始加油了；汽油的價格是一加侖七．三五美元，非常實惠！接著，他的智慧型手機提醒他對面有家星巴克，於是他就過去點了一杯飲料，還用了手機上的優惠券結帳。

比爾點的是無脂、有機、公平交易、使用綠能調製的大杯拿鐵，打折下來的價格剛好跟汽油一樣，是七．三五美元。然後他回到車上，繼續往北開。到賭城的時候已經很晚了。

星期六早上，比爾跟朋友湯姆一起共進早餐，湯姆介紹比爾給兩位新朋友認識——凱西和傑森。很巧的是，他們都想要買登山車，也都同樣收到Epiphany酒店提供的優惠行程。他們邊吃早餐邊聊自己最喜歡的騎車路線，分享自己私藏的景點，吃完之後就各自到展場上逛逛。

比爾一走進展場就發現，他的手機自動下載了登山車展的導覽應用程式，提供他各式資訊展示行程。透過這個應用程式，參展的消費者還可以參加尋寶遊戲，集滿二十五項寶物就會有獎品。他看到好多人都已經集滿其中十二項寶物了，覺得自己應該沒什麼希望，就沒有加入尋寶的行列。

他接著到了「游牧二輪」的攤位，因為他在網路上已經研究了好幾個星期，想要買這個牌子的登山車。因為有酒店提供的折價券，所以他相中的「野性二百五」車款，居然比他之前看到的價格還要便宜三百美元，所以他立刻拿出信用卡結帳，然後請商家下星期就出貨。因為比爾在展場上消費，所以他在酒店裡的任何一家餐廳吃飯，都可以享有七折的優惠。比爾在展場上逛了逛，看了一下其他的配件之後，就決定找家餐廳吃中餐。

四點鐘左右，比爾接到一封來自「軟軟壽司店」的聚餐邀請。這家壽司店是Epiphany酒店內的旗艦餐廳。比爾在六點左右抵達餐廳，發現餐會原來是一場「野性二百五」車主的聚會，發起人是「游牧二輪」的產品經理。晚餐非常盡興，其他車主都很樂意暢談自己的用車經驗，剛買車的車主聽了當然也非常期待。晚餐之後，比爾很期待新車趕快到貨，回到房間一上臉書，就接到十五個晚餐上認識的新朋友邀請。

到了星期天，比爾在Epiphany酒店的應用程式上點選了「退房」，這個應用程式是他一到飯店就下載好了的。當他下樓到大廳時，泊車小弟已經把車開過來，電子帳單不但已經寄到了，連酒店房卡也自動消磁。在開車回家的路上，他又收到星巴克的邀請，但是因為這次不太想喝咖啡，所以就沒有去買。晚上回到家之後整理了一下，就抱著對新車送達的期待上床睡覺了。

場景背後……

比爾在他的賭城假期中，享受了各種看似憑空出現的優惠，而且出現的時間點都非常剛好。但是，讓我們到幕後看看這一切到底是怎麼一回事。

Epiphany 的套裝優惠行程：多方企業共同投資

在這之前的幾個星期，比爾一直都在網路上瀏覽不同型號的登山車，想決定到底要買哪一台。他在「游牧二輪」的官網上流連忘返，也在臉書和推特上講過自己想要買「野性二百五」這台登山車。「游牧二輪」透過市場調查找到了這些貼文（社群媒體動態的巨量數據分析），透過分析比爾的臉書資料，判定他是很有潛力的買家（有穩定工作、高收入、有時間和閒錢經營嗜好，所以有充裕的可支配收入），於是就把他列入賭城套裝行銷的目標。

Epiphany 的套裝優惠，是由酒店、會展主辦單位和「游牧二輪」一起提供的（三方的共同投資）。因為會展的參與人數不如預期，所以，主辦單位在開展前一天就決定要廣發邀請函，湊齊他們早就預定好的房間數。

在泰德加油站加油：過濾最適合的加油點

比爾的手機上有個加油站應用程式，可以幫使用者找出哪一家加油站價格最實惠。這個應用程式也能夠讓開車的人揪團，然後一起跟加油站喊價（應用化、量子化、雲端化）。有興趣的加油站也可以參與競標，提供這群人優惠的油價。應用程式公司則是透過交易抽成來賺錢（群眾外包、雲端化、量子化）。

除此之外，比爾的管家應用程式也記錄了他的環保消費習慣，這代表比爾只會在有提供至少二〇％生質燃料的加油站消費。所以，雖然沿路上有其他加油站的油價比較便宜，但是因為那個加油站的油只含一五％的生質燃料，所以就不在比爾的考慮名單上。

星巴克優惠：量身打造的優惠券

泰德加油站和它對面的星巴克也參與了共同投資，所以當比爾在加油的時候，星巴克就會被通知有潛在客戶（情境化）。星巴克在分析了比爾的管家應用程式資料之後，知道比爾喜歡有機食品、正在節食，而且對於公平交易和綠色經濟議題很關心。因此，星巴克寄給比爾的大杯拿鐵優惠券，就是專門針對這幾點所量身打造的（情境化）。

一旦比爾買了咖啡，泰德加油站就會收到〇．二五美元的費用當作佣金（群眾外包和量子化），而且比爾的咖啡因攝取量也會自動記錄在他的個人健康管理應用程式裡，讓他的醫生和保險公司可以輕鬆下載。

另外，因為 Epiphany 酒店把比爾的賭城行程也傳送到管家應用程式上，透過管家應用程式所提供的共同投資市場，酒店也會收到加油站和星巴克給的〇．一美元佣金（量子化和群眾外包）。

星期六早餐：安排最適合你的聚會

比爾的星期六早餐是管家應用程式自動安排的，因為它知道湯姆也來參加會展，也知道凱西和傑森有收到 Epiphany 的優惠邀請，所以這幾個人應該有許多共通點，可以聊得來（情境化）。因為這些人都在 Epiphany 享用早餐，所以酒店也付了部份佣金給「游牧二輪」（群眾外包、量子化）。

參加會展：把想要的商品端到你面前

Epiphany 知道比爾此行的主要目的就是要來買登山車，所以在管家應用程式的允許之下，酒店就把登山車展的導覽應用程式上傳到比爾的手機，並且讓比爾清楚知道「游牧二輪」的攤位地點（應用化）。當比爾靠近攤位時，「游牧二輪」的銷售人員立刻接到通知，然後透過臉書和推特的數據，馬上知道這個人有相當的購買力，而且喜歡的款式是「野性二百五」（情境化）。

銷售人員預先取得主管同意，讓比爾除了能夠使用 Epiphany 給的五十美元折價券，還能夠得到更特別的折扣。業務也查好了最靠近比爾的出貨地點，也確認「野性二百五」有沒有比爾喜歡的顏色和庫存。一旦比爾下單，會展主辦單位和酒店也都收到了腳踏車店的佣金（群眾外包、雲端化）。

「軟軟壽司」餐會：強化社群黏著力

在「軟軟壽司」舉行的餐會是由「游牧二輪」所主辦，目的是想要強化車主對品牌的向心力。Epiphany 提供的折扣，吸引了所有「游牧二輪」的買家都在酒店餐廳用餐。「游牧二輪」也和酒店共同投資，確保他們的車主都會來參加聚會（群眾外包、雲端化）。「游牧二輪」安排了三、四位老客戶來分享他們的經驗，並提供他們超優惠的套裝行程作為獎勵，感謝他們在社群媒體和部落格上大力推薦產品（遊戲化）。透過老客戶的經驗分享，「游牧二輪」成功強化了他們的品牌忠誠度和網路社群的向心力。

酒店退房：一鍵退房，啟動清潔、泊車、結帳程序

當比爾在 Epiphany 應用程式上點選「退房」的時候，他就啟動了好幾項一連串的業務流程，讓他的退房程序如行雲流水般順暢。首先，應用程式通知清潔人員退房的消息，讓他們可以來打掃房間；泊車小弟也馬上知道要把車子開過來；帳單立刻就結清，信用卡也扣款

了；共同投資在這個套裝行程上的所有店家收到的佣金也都立刻入了帳，包含管家應用程式也因為安排整套旅程，所以可以收到抽成的款項（情境化、雲端化、群眾外包）。

—場景二：新年新希望—

二〇二〇年一月一日，星期三

譚美今年二十四歲，在財星五百大公司當行政助理。她二〇二〇年的新年新希望是至少要瘦七公斤。她的身材很健康，但還是希望能夠穿小一號的衣服，因為再過五個月，她的大學閨蜜就要結婚了，而譚美是她的伴娘。

為了達成目標，譚美下載了一個叫做「減重大作戰」的應用程式，她安裝了程式、填好資料、輸入目前體重、理想體重和尺寸、節食開始和結束日期等等項目。然後，譚美把這個應用程式跟美國衛生部所提供的個人健康管理檔案應用程式做同步，讓「減重大作戰」能夠匯入她的歷史醫療紀錄和BMI（身體質量指數）等等訊息。譚美同時也把「減重大作戰」

和臉書、推特帳號連結，所以，這個應用程式能夠更了解她日常生活中的各種偏好。最後，「減重大作戰」就依照現有資訊幫她規劃了一套減重計畫。

隔天早上，譚美的智慧型手機在六點半叫她起床，讓她選擇是要慢跑一．六公里或是快走五公里。因為覺得信心十足，譚美決定要慢跑一．六公里。「減重大作戰」也提供了譚美家附近的慢跑路線，她邊跑邊聽音樂，手機自動播放了幾首她最喜歡的快歌，來幫助她保持跑步的速度。因為譚美很久沒有跑步了，所以她跑了一．二公里就累了，但是手機在播放音樂的同時，也持續向譚美喊話，鼓勵她完成今天的目標，並且提醒她再過九十九天就是好友的婚禮了。

譚美回到家之後，「減重大作戰」建議她吃份清淡的早餐，並且透過記錄食譜來追蹤她的卡路里攝取量。吃完早餐之後，她就淋浴準備上班，並且在臉書上跟大家分享目前為止她都有乖乖遵守減重計畫。

這天下午，「減重大作戰」通知譚美，她有三十五位好友決定要贊助這個減重計畫，只要譚美瘦〇．五公斤，每個朋友就會給她一美元。接著，譚美又接到了「減重大作戰」所提供的清單，內容包含了許多健康食物的折價券。所以下班後，譚美就到超市把這些食材買齊，然後回家。

隔天早上，譚美踏上體重機，發現體重還是不動如山。「減重大作戰」記錄了她的體重，然後問她想要慢跑兩公里，還是快走六公里。譚美今天還是一樣精神飽滿，所以就選擇了跑步，不過挑了一條跟昨天不一樣的路線。就這樣持續了一個星期，譚美開始看到成效了——根據「減重大作戰」的紀錄，她已經瘦將近一公斤了。

到了第二個星期結束，譚美已經剷了兩公斤肉，這也表示她已經從親朋好友手中賺到了一百四十美元，而且她最愛的百貨公司也給她一百四十美元的禮券（朋友給多少，百貨公司就跟著給多少）。除此之外，譚美還得到當地生鮮超市和運動用品店各二十美元的禮券，她最喜歡的航空公司也送了兩千英里的飛行里程數。譚美覺得這個減重計畫實在是幫自己賺了很多錢。

到了一月底，譚美跟新娘好友克萊兒一起去試伴娘禮服。譚美發現自己穿八號剛剛好，但是她非常想要擠進七號的禮服裡。譚美把禮服目前的尺寸和希望尺寸，都記載在「減重大作戰」裡。不出幾分鐘，禮服店就下了戰帖給譚美：如果她在三月底前能再瘦四、五公斤，禮服店就會幫她打七五折。

到了三月中旬，譚美每天早上已經能夠跑超過五．五公里，體重也瘦了三公斤，飲食習慣比以前健康很多，每天更有精神和自信。譚美的醫生傳了訊息鼓勵她，保險公司也寄了一張七十美元鈔票作為保險金回饋。從親朋好友和各個贊助商手上，譚美已經贏得超過四百美元的獎勵了。

「減重大作戰」還幫她報名了減肥比賽，上傳了她的健康檔案。在超過兩百名參賽者中，譚美目前排名第十四。因為贏家能夠得到的獎金，是所有參賽者所瘦下來公斤數的總和，所以，譚美希望自己的排名可以再進步，因為獎金很可能會超過一千美元！

在減重計畫截止日，也就是四月十五日之前，譚美就已經達成目標七公斤，而總共瘦了八公斤了。她順利買到折價的七號伴娘禮服，賺到了超過三百美元的生鮮蔬果折價券，也從親朋好友和贊助商手上拿到超過六百美元。譚美最後在減重比賽中排名第三，贏得的獎金是所有參賽者減下公斤數的四分之一，所以總共拿到了三百一十五美元又七十五分。譚美的照片和檔案被放在「減重大作戰」的網站上，她也收到知名運動用品公司送的球鞋兌換券。

場景背後……

在這個場景中，譚美得到了協助、指引和鼓勵，讓她順利地在好友大喜之日前成功瘦身。透過使用「減重大作戰」這個手機應用程式，譚美取得了許多實用的資源來幫助她瘦身。我們現在就來看看，鼓勵譚美不斷前進的動力有哪些，以及這幾股力量如何將譚美的目標商品化。

「減重大作戰」的商業模式：你的專屬體重管理師

「減重大作戰」的商業模式，是要讓這個應用程式扮演使用者生活導師的角色，利用鼓勵、遊戲化，以及金錢和精神的回饋，協助使用者達成生活目標。「減重大作戰」透過為其他公司拉客戶來賺錢（分工化、群眾外包、雲端化）。這個應用程式能夠幫其他公司過濾出適合他們商品的潛在客戶，為他們找出促銷的對象。「減重大作戰」會根據使用者的需求，安排他們接收到實用的折價資訊（例如低卡食物、健身器材、輕快歌曲等等），然後透過抽取佣金來賺錢（情境化、群眾外包）。「減重大作戰」也會蒐集使用者資料，依照需求安排揪團，讓使用者可以更實惠的價格購得商品（雲端化、群眾外包）。最後，「減重大作戰」也跟主要醫療保險業者合作，為正在執行減重計畫的使用者爭取保險金優惠（情境化）。

「減重大作戰」的減重計畫：數據打造的完美安排

「減重大作戰」主要擁有的健康資訊來自使用者的主動提供。這是參與減重計畫的必備條件，大部分的使用者也都會樂意提供，以便享受應用程式所帶來的各種好處。一旦有了使用者的同意，「減重大作戰」就會從政府所管理的健康資料庫下載所需的數據，包含了過去體重紀錄、BMI、血壓、血糖，還有膽固醇指數，這樣才能夠為每一位使用者設計出最安全健康的減重計畫。「減重大作戰」也會通知使用者的家庭醫生，讓醫生也知道減重計畫藍圖，確保使用者的健康情況能夠執行計畫（情境化）。

慢跑路線：讓你跑得安全、有趣、不無聊

「減重大作戰」透過譚美的智慧型手機得知她所處的地理位置，所以能夠根據她每天所要跑的里程數，來規劃最安全的慢跑路線（情境化）。「減重大作戰」追蹤譚美運動時的步伐，在必要時更換路線，讓她不會覺得越跑越無聊。如果譚美願意，「減重大作戰」也會安排其他人跟她一起跑步，並安排好時間地點。

健身音樂：邊跑、邊聽、邊推銷

「減重大作戰」一旦安裝好，就會掃描手機裡所有的音樂，這樣一來，「減重大作戰」就會知道譚美的音樂偏好，挑選適合運動的輕快音樂，並且推薦她購買其他可能會喜歡的音樂（情境化、物品智慧化）。在譚美慢跑的時候，應用程式也會讓她試聽新曲，如果聽了喜歡，譚美就可以用優惠的價錢購入。

親朋好友贊助：全世界都在幫你減重

「減重大作戰」透過譚美的臉書和推特帳號，通知她的親朋好友，告訴他們譚美的減重計畫，希望他們多給譚美鼓勵（社群化、情境化）。除此之外，「減重大作戰」還邀請親朋好友來贊助譚美的計畫，在譚美有進展的時候，就提供現金獎勵，或者是帶譚美去看場電影

或吃晚餐。因為譚美的手機和體重計可以透過藍芽同步，所以這些贊助者也能時時刻刻掌握譚美的減重進度（應用化、物品智慧化）。

生鮮超市折價券：越吃越瘦的優惠清單

在分析譚美的減重目標和個人健康資訊之後，「減重大作戰」為她訂出了一套減重菜單（物品智慧化、應用化）。在取得譚美同意之後，「減重大作戰」跟生鮮蔬果公司聯絡，為譚美爭取許多折扣和優惠券，讓她能夠用便宜的價錢買到購物清單上的所有東西（雲端化、群眾外包）。這樣一來，譚美就能更輕鬆地依照菜單的指示吃東西，而「減重大作戰」也能夠幫生鮮超市爭取更多生意。

企業贊助：遊戲化讓你越減越享受

許多和「減重大作戰」合作的公司都會提供使用者金錢上的獎勵，幫助他們完成目標。有些公司是提供減下公斤數的現金回饋，有些則是提供優惠的價格給譚美，但這些商品都是在譚美減重過程中所需的，像是新衣服或是運動用品（情境化、社群化）。其他商家也有特別的獎勵方式，像是航空公司的免費里程數等等。這些獎勵項目也會時時更新，讓譚美隨時保持熱忱，有繼續努力的動能。

禮服折扣：替客戶揪團議價

禮服店所提供的折扣，是來自「減重大作戰」揪團議價的結果（群眾外包）。因為譚美是為了參加婚禮而減肥，所以除了譚美的私人日誌上有記載，她的臉書和推特日曆上也都有。「減重大作戰」通知禮服店，譚美是潛在客戶，有採購禮服的需求，所以在譚美和新娘都還沒踏進禮服店之前，「減重大作戰」就已經幫她們爭取到好價錢了（社群化、情境化、群眾外包）。而「減重大作戰」只要在揪團成功之後，把譚美引導到價格最優惠的禮服店裡就大功告成了。

減重比賽：最有誘因的競爭，讓人最想贏

「減重大作戰」透過比賽把節食運動的過程遊戲化，找來了體型和減重目標相似的使用者，讓他們彼此競爭激勵（遊戲化）。數十位、甚至上百位的使用者都爭相要在時間內達成目標、贏過別人，而許多企業，像是運動用品公司、服飾品牌，還有其他可能從中獲利的廠商，也都被邀請來贊助這場比賽，提供使用者更多的誘因。

—場景三：決戰期中考—

二〇二〇年三月十二日，星期四

胡安一早醒來就急著收信。他昨天把寫好的模擬考卷寄給家教薩依，所以很想趕快知道老師改回來的成績如何。薩依幫胡安加強「應用統計」這一科，這是他要在英國里茲大學（University of Leeds）拿到數據科學學位的最重要科目。胡安在搜尋了昨天晚上收的上百封電子郵件後，並沒看到薩依的回信，所以他在淋浴之後就走到街角的連鎖早餐店吃東西。

今天南加州的天氣一樣非常陽光，胡安很享受地走在街上，準備到他最愛的餐廳開始「上工」。胡安點了餐之後就打開平板電腦，然後連上一個叫做「分工角落」的應用程式。「分工角落」幫胡安找出了符合他技能和興趣的十五項案件。他一邊享用美式蛋捲，一邊仔細看每個案子的工作內容，他尤其對一家巴西連鎖餐廳想要建置數據模型的案子有興趣。這家連鎖餐廳想要多開十幾家分店，所以想要利用數據模型，找出巴西幾個大城市裡最適合的展店地點。

胡安瀏覽了餐廳所提供的數據樣本，提出了幾個建立模型來做敏感度分析的想法，然後仔細計算自己所需的作業時間，因為未來兩週，胡安還有幾科期中考試。他考慮之後，覺得自己在考完試後，可以在二十個小時內完成這個案件，於是他就把自己的報價提報給業主，希望未來兩天內會有回音。

邊吃早餐，胡安同時也投了另外五個案子，然後收拾東西準備回家K書。在走路回家的途中，他接到了薩依的回信。胡安用虛擬眼鏡播放了薩依的影片訊息，看了薩依改完考卷給的評語。胡安寫得不好，有幾個應該要注意到的數據細微差異都沒有找出來。薩依提供了幾個解題的訣竅，和未來幾天念書的建議。看完以後，胡安連上他的「運鈔車」應用程式帳戶，把家教費匯給薩依。

回到家之後，胡安接著打開了「小幫手市場」應用程式，因為他想要找看看有沒有一些技術協助的案子可以接。他看到有位使用者不知道要怎麼樣在雲端上，同步自己的虛擬眼鏡和 iPad 10。這對胡安來說，幾分鐘就可以解決了，所以他立刻製作了一部短片解釋步驟，然後上傳到網站上。這位使用者照著胡安的指示，成功解決了問題，十五分鐘之後，她為胡安的影片打了五顆星的分數。胡安發現自己的「運鈔車」帳戶裡有蘋果匯進來的五美元，作為他提供蘋果產品技術支援的酬勞。胡安在未來一年，將因為這支影片幫助了其他的使用者，而有三百美元的進帳。

胡安又在「小幫手市場」花了兩個小時，為其他使用者解答疑難雜症。待處理完之後，他再一次檢視自己的「運鈔車」帳號，很開心自己的帳戶裡有超過兩千美元，還有超過一千多點的虛擬點數。「小幫手市場」上得到的每筆款項都很小，但是因為他已經累積了好幾百篇教學貼文，所以這些文章每個星期都還是持續幫他創造收入。

他也因為「小幫手市場」所賺到的錢，才能夠支付未來要讀的印度亞美達巴德管理學院企管碩士的線上課程。薩依只想要說服胡安到他的母校——巴基斯坦的拉合爾大學攻讀管理科學，但是因為這所學校的線上課程沒有那麼好，胡安也不想搬到巴基斯坦去讀兩年書，所以只好婉拒薩依的老闆所提供的實習機會。

把工作都處理完之後，胡安戴上虛擬眼鏡，打開有聲書應用程式，開始一邊聽著要複習的課本內容，一邊前往當地高中旁的滑板公園。他滑了大概一個小時，邊聽課本內容邊運動抒壓。接著胡安回到家，在吃晚餐前開始想要怎麼著手巴西餐廳那個案子。胡安的一整天過得非常充實。

場景背後……

在這個場景裡，胡安是非常典型的二〇二〇年代行動數位市民。他正在透過線上課程取得學位，同時也參與群眾外包市場來賺取生活費。我們接下來就來看看他是怎樣利用社群化，來管理和支持這樣的生活方式。

線上教育：在地球的另一端上大學

胡安住在南加州，但是他讀的大學是一所在幾千英里外的名校。到了二〇二〇年，遠距教學會成為教育的新常態，許多學校都會透過社群化和雲端化來招收更多的學生。我在寫這本書的時候，同時正在進行第四年的法學院線上學程，而這也是我職涯中第二次參加線上學位課程。

很多人可能會不習慣這種教育界的劇烈變動，但是這股趨勢是不可避免的，因為大家都想要透過教育，擠進都市化與全球化的中產階級。所有名校的頂尖學生會彼此競爭全球各地最好的工作。而西方國家程度普普的學生，會越來越難在自己的家鄉找到好的職位。全球化會不斷地把各地勞工市場同質化，讓全球的人力資源更加流通。

在人才缺乏的領域裡，這樣的現象就會非常顯著，數據科學領域就是其中一個例子。所以線上教學能夠快速滿足這樣的市場需求，學校如果不願意採取這樣的新世代做法，可能無法跟其他大學競爭，招收到全球最優秀的學生。胡安就是一個例子，他上的學校是在英國倫敦的里茲大學，但是他卻住在地球另外一端的南加州。

另外，像胡安這樣半工半讀的學生，在二〇二〇年也會變得很普遍。對許多學生來說，要花四到十年都不工作賺錢、只專攻學位，會是很奢侈的夢想，所以會有越來越多的學生半工半讀。而年紀大的一輩也會面臨到類似的狀況，因為唯有持續接受訓練，學習新技能，才能夠在人力市場上生存。

「分工角落」派案中心：讓地球各個角落的人為你工作

在這個場景中，「分工角落」代表的是二〇二〇年會非常普遍的網路社群。在這個社群中，許多擁有相似背景的人，會在討論版上彼此交換心得，同時也會建立起一個市場，為潛在客戶提供商品或服務（社群化、雲端化、群眾外包）。「分工角落」創造出的一塊市場，讓有需要數據分析專業的公司，能夠把需求公告在社群裡，讓有興趣的專業人士來競標（雲端化、群眾外包、遊戲化）。這類的市場，其實就是美國分類廣告網站 Craigslist 和拍賣網站 eBay 的綜合體，有公司能夠把它們的業務子項目，交給來自全球各地有專業長才的人來負責；而這類的人力資源若沒有透過這樣的管道，可能很難找到。

「分工角落」也可以看成是商業化的 LinkedIn，大家都可以在這個社群網站上張貼自己的專長和可工作的時間，企業就會根據這些資料，透過反向拍賣市場運作，去找符合他們需求的人才（遊戲化、群眾外包、雲端化）。這類市場，包含「分工角落」，都融入了遊戲化的元素。所以像胡安這樣的成員，就能夠累積他們在社群裡的經驗和聲望評價，而他們的客戶評價越高，未來接到案子的機會便越高，也能夠提高收費。

已經把業務雲端化的公司，其實都已經開始利用像是「分工角落」這樣的社群了。會透過這類社群來外包業務，通常都是因為所需的人才很難找，價格也很昂貴，所以在各地的實體人力市場上幾乎找不到。因此像胡安這樣的人才，代表的是全球化的獨立承包商，他們在未來會掌握越來越多全球勞力市場的高價值外包案件。

「小幫手市場」的問答功能：靠好回答獲得報酬

「小幫手市場」跟「分工角落」很類似，但是「小幫手市場」代表的是較低階的市場區塊，它們在雲端化和社群化的價值鏈上地位較低。在「小幫手市場」上，很多人會提出問題，通常問題都會跟某項商品或服務有關，然後希望有厲害的人能夠為他們解惑。所以，一家公司如果看到有人回答了跟自己產品相關的問題，他們就會給這些答題的使用者一些金錢的報償。而解答的品質也會由提問者來評分（遊戲化、社群化），如果評分越高，解答者得到的報償可能也會越高。

所以，「小幫手市場」其實是結合了YouTube、維基百科和其他財星一千大企業（像是微軟）所經營的線上討論區。透過社群網路的力量，這些公司就能夠接觸到許多有實地使用商品經驗的專家，公司也能夠針對他們對產品提出的建議，改善或提升商品的品質（遊戲化、雲端化、量子化、群眾外包）。所有使用者所提供的貼文，在透過遊戲化之後都會得到一個排名，唯有排名最高的解答會得到企業實質的現金報酬，而這對企業來說真的只算是小錢。

如果上傳的解答真的很實用，上傳的人可能就會在未來幾個月、甚至是幾年，都一直靠這則貼文來賺錢。因為每次只要有人看了文章、打了分數，企業就會把錢匯到上傳者的戶頭裡。當然，每一筆款項可能沒幾塊錢，但是時間一久，累積下來也很可觀。所以如果是在「小幫手市場」上傳了很多文章或影片的人，他們的年收入可能也不會太差（社群化、雲端化、群眾外包）。

胡安利用「小幫手市場」幫他賺外快，也很努力地維持自己在「小幫手市場」上的排名和評價，畢竟這關係到了他收入的多寡，所以重要性可能跟學校成績不相上下。胡安每天在「小幫手市場」上工作兩小時左右，就可以維持一筆穩定的收入，也能獲得幫助別人解決疑難雜症的成就感。

「運鈔車」帳戶管理：雲端上的金融市場

「運鈔車」是胡安愛用的個人帳戶管理工具，他能夠透過這個程式來理財。跟 PayPal 一樣，「運鈔車」把收匯款項的流程都自動化了，而且也跟行動裝置完美結合。「運鈔車」的特點就在於手續費很低，所以很適合小額款項。而「運鈔車」的總部設在一個金融法規很寬鬆的第三世界國家，跟其他國家的稅務機關當然不會有太密切的合作。

「運鈔車」除了能讓使用者用各國貨幣交易（像是美元、歐元或人民幣），也能夠用「運鈔車」本身的虛擬貨幣點數，讓使用者能夠使用這種比較中性的貨幣，在「運鈔車」市場上完成交易。因為「運鈔車」的虛擬點數不能直接換成各國貨幣，只能用來交換商品或服務，所以這類交易也就不會被課稅。

不過，「運鈔車」也會分析使用者交換商品和虛擬點數的情況，來決定虛擬點數的實際價值，所以，使用者能夠知道他們的點數大概值多少錢。這就是我們在第十五章所提過的淘金模式，「運鈔車」讓市場的阻力降到最小，而且不受政府的干預。

「運鈔車」的成功來自於低市場准入門檻、高運作透明度，以及低度國家政府干預。像是「運鈔車」這類的金融工具，在全球發展已經越來越強大了。雖然他們目前估計只占全球GDP的一%，但是「運鈔車」每年都會以兩倍的速度增長。

隨著「運鈔車」、「分工角落」和「小幫手市場」的發展，國家對經濟的控管能力會越來越低。因為這些市場在雲端上，看不見也摸不著，所以他們也超出了國家政府的管制範圍。像胡安一樣的人在找工作的時候，就不用擔心有沒有特定國家的工作證、簽證、銀行戶頭，或是要不要繳所得稅。所以，人力市場的發展趨勢就會逐漸趨向用人唯才，不會受法規限制。「運鈔車」這類服務讓各國政府都傷透了腦筋，但是它卻非常受普羅大眾的歡迎，而且普及率非常快。因為市場的社群化和雲端化，政府絕對已經無力阻擋這股趨勢的快速蔓延了。

—場景四：美國萬萬稅—

二〇二〇年二月三日，星期一

道格正在辦公室附近找地方吃午餐，而他的銀河S10虛擬眼鏡幫他列出了許多好地方，最後他選了一家在轉角處的寮國料理（物品智慧化、情境化）。當他坐下來看菜單的時候，虛擬眼鏡通知他有新郵件。通常道格在吃飯的時候，都會請眼鏡不要推播郵件，但因為這剛好是他在等的國稅局通知，所以他有特別交代眼鏡要立刻告訴他（情境化、物品智慧化）。

道格透過眼鏡開始讀信，看到內容是他的聯邦退稅申請表。表格的基本項目，國稅局都已經先填好了，道格只要確認內容無誤，然後簽名就可以了。所以他邊吃中餐邊看退稅表，發現表格內容都很正確，包含各項扣繳額，像是房貸、學生貸款和消費稅等資料都沒問題。但是道格也發現，消費稅部分只列了他在亞馬遜、eBay和全球科技上的消費，卻漏了他買新車繳的稅。

所以，道格馬上利用他的個人會計應用程式，找到了新車稅款，然後把它加到退稅表格裡（應用化、雲端化）。接著他仔細檢查國稅局所列的其他項目，一切看起來都沒問題。因為道格有把在家工作成本像是水電之類的做扣繳，所以他有使用財務管理軟體 Quicken 的查帳服務，於是他就依照合約規定，把扣繳表格寄給他的會計專員，請他幫忙確認（雲端化、量子化、群眾外包）。

隔天，道格收到會計專員的通知，告訴他，表格內容都沒有問題。於是他簽了名確認之後，就把表格寄了回去。再隔天早上，道格就發現帳戶裡已經收到退稅了。而且因為他很早就辦理報稅，因此可以多拿五十美元；又因為他是線上報稅，又可以多拿一百美元。雖然今年退的稅沒有去年多，但是有總比沒有好。

處理完聯邦稅之後，道格就可以開始處理州內的退稅了。不過，各州的報稅居然都還是要用紙本郵寄處理！或許再過幾年，各州稅務局也能夠開始幫大家把退稅項目都預先填好。雖然相關法律在兩年前就已經通過了，但是因為州立的報稅系統曾經被駭客入侵過，所以州政府只好先把系統下線，修補安全漏洞。財務管理軟體 Quicken 已經幫道格把表格都填好、金額也加總了，計算結果發現，道格欠州政府五百美元，就算已經扣除新車的稅款也一樣。好吧！錢總是來得快也去得快。

場景背後……

這個場景描繪的現象是大家已經期待很久了的。很多國家，像是挪威，都已經開始幫納稅人預先填好退稅申請表，這麼做不但比較方便，也比較準確。納稅人只要確認各個項目沒有問題，或者是做簡單調整，就可以完成退稅申請。

美國政府已經採用線上報稅系統一陣子了，但是卻還沒有開始幫納稅人填好退稅項目。在經濟大衰退之後，美國的經濟陷入危機，因此，確保國家的稅收已經成為重要的國家安全項目之一，畢竟沒有錢就買不起子彈。因此，政府才終於通過稅務改革法案，讓大部分收稅和報稅的過程都自動化。

電子報稅單：自動填好報稅表格

線上報稅實在不是什麼新玩意，但是在這個場景裡，新的做法是：政府利用了現有的納稅人資料，幫大家把退稅表的細節都預先填好。這在以往都是納稅人的工作。要填的項目像是收入和扣繳額這類資訊，政府早就有了，所以只要把它們都匯入表格就可以了。

如果遇到需要調整的部分，像是申請在家工作成本扣繳，就再請納稅人自己修改就可以了。政府也可以把這些增加的項目存檔沿用，一直到情況有變的時候再更動。這樣的做法其實在一九九〇年代就可以做了，但是一直要到政府出現了違約的風險，才讓他們決心要改革稅務，在報稅過程中引進自動化。

即時查帳：自動查帳系統，比人力更快速

讓所有美國納稅人在線上申報稅務，國稅局也因此省了不少錢。國稅局精簡了數千名的員工，因為已經不再需要那麼多人力來處理退稅的業務。這同時也提升了查帳的效率。其實大部分沒有經過納稅人變更的退稅項目，都不需要再經過審查，就可以自動化處理了。而超過九〇%的退稅項目都不需要審查（流程數據化）。其他經過變更的退稅項目，則會經過幾層的數據分析；在這個過程中，政府會檢視納稅人整年的消費習慣，馬上以更全面的方式了解納稅人的財務狀況（情境化）。如果有哪些不合理的地方，自動查帳系統就會馬上揪出，然後數位系統立刻會進行進一步的分析調查。

查帳保護機制：報稅事務所的新未來

以前專門負責幫企業處理稅務的事務所，應該要快點開始拓展其他的業務了。建立查帳保護機制，就是其中一個未來有發展的區塊（雲端化、群眾外包）。因為政府越來越能夠追蹤納稅人的收入和支出，所以，國稅局也更加集中火力在查那些特別的申報或扣繳項目。稅法專業人員能夠幫助我們節稅，也能夠讓我們避免因為報錯稅而被罰款。不管怎麼樣，專責

報稅事務所的業務量在未來絕對會暴跌。

報稅獎勵：賞罰分明，越早報稅省越多

一旦政府建立了自動退稅機制，也可以利用金錢的誘因鼓勵大家及早報稅，或利用線上申報系統。因此，提早報稅的納稅人就可以拿到一筆獎金，至於沒有使用線上報稅系統的人就需要繳罰金，而且還比較容易被查稅。

消費稅：一場政府與境外電商的躲貓貓

隨著越來越多消費者在網路上購物，政府也想要開始針對電子商務交易來扣稅。電商業者當然非常不想被課稅，但是政府的財政問題使得徵收線上交易稅已經勢在必行。所以，企業就必須要多向消費者收消費稅，還要把必要的交易資料呈報給政府。

但要把全球消費者和所有的交易資訊蒐集齊全，將會是一大挑戰。因為隨著稅法越來越嚴格，很多消費者就開始在境外的線上商店買東西，因為境外商家不會受到美國稅法的控制。而且市場上已經有辦法可以讓消費者匿名購買商品了，所以他們的消費也會讓政府查不到。聯邦政府將會為了動輒幾百億的稅收，而和商家與消費者展開一場貓鼠大戰。

一場景五：一天一Google，醫生遠離我一

二〇二〇年一月十六日，星期四

莎拉和她的先生湯姆在努力了好幾個月之後，終於收到婦產科醫生傳來的好消息：莎拉已經懷孕八週了。醫生問她想不想做全面的胎兒檢測，以及基因遺傳圖譜。因為有保險給付，所以全面檢測不需要花錢，但是做遺傳圖譜則要五百美元。莎拉認為基因遺傳圖譜對小孩未來可能會有幫助，所以決定兩項都做。隔週看診的時候，醫生抽取了寶寶的DNA，送到實驗室做檢驗。

兩週之後，篩檢和基因譜圖結果出爐了——在針對超過兩千五百種疾病的篩檢中，莎拉的女兒沒有任何致病的基因缺陷。莎拉因此鬆了一口氣。做分析檢測的公司「基因系」，也提供儲存基因序列資訊和臍帶血的服務，而且如果莎拉同意他們使用寶寶的基因資料來納入資料庫做研究，那麼兩項服務的費用都有打折。這其中的價差高達好幾百美元，而莎拉覺得臍帶血以後可能用得到，所以就兩項服務都做了。

大約一個月後，莎拉接到「基因系」的來信，表示更進一步研究寶寶的基因之後，他們

發現寶寶的基因有好幾個單核苷酸多型性（Single-Nucleotide Polymorphism，SNP），也就是DNA序列中的變異，「基因系」也發現這跟許多疾病有關聯。因為「基因系」已經有寶寶的基因資料了，所以她很適合作為公司長期研究的對象。如果莎拉同意讓女兒參與研究的話，「基因系」會負擔莎拉女兒在十八歲前的相關醫療費用，以及儲存臍帶血的費用。考量到醫療費用越來昂貴，莎拉就決定讓女兒參與研究。

當莎拉的女兒雪莉出生時，醫生立刻就把臍帶血送到「基因系」去做長期保管。莎拉和湯姆都沉浸在初為人父母的喜悅中，也很高興有跟「基因系」合作。到了二〇二〇年，醫界一半都認為基因圖譜研究，一定會為人類健康管理帶來重大的突破，而雪莉身為研究的參與者，一定能夠從中受惠。

雪莉的童年很正常，莎拉和湯姆跟其他父母一樣，定期帶女兒去做健康檢查和打預防針。他們的手機不但時間到就會提醒他們該去找醫生了，還會自動比對醫生和他們的行事曆，安排最適合的看診時間。他們一開車出門，手機就會通知護士小姐，讓醫生有心理準備，也能夠提升看診的效率，縮短病人等待的時間。

到了二〇二〇年，小朋友的一些小病，像是感冒、流感、水痘等等，都已經可以透過一個口水檢測儀來診斷。這個檢測儀只要插到智慧型手機的耳機孔上，就可以使用了，就像十年前開始流行的晶片讀卡機一樣。小朋友只要舔一下檢測儀上的塑膠片，等個五分鐘，檢測儀就能告訴你生了什麼病。檢測儀也會立刻通知家庭醫師，讓醫師把開好的處方籤寄給家長，同時繼續監測小朋友復原的狀況。雪莉從小跟其他小孩一樣，偶爾會跌倒、瘀青、發燒，除此之外都一切正常，一直到她十歲生日那一天……

那年是二〇三〇年，「基因系」的基因研究已經確定雪莉的單核苷酸多型性，會導致晚發性的腎臟疾病，讓病人在四十幾歲的時候出現腎臟衰竭的狀況。這其中已經確定有五〇至八〇%的正相關，不過還沒確認基因和疾病兩者直接的關聯。醫生、數據科學家和遺傳工程師都在努力分析數據，來了解變異基因到底是如何觸發疾病，以及哪些腎臟功能會受影響；但是因為這種腎臟疾病很晚發，專家們需要更長期地追蹤病人直到他們的中年，才有辦法更全面地了解。

於是專家再度詢問雪莉的父母，願不願意讓女兒繼續參與研究，「基因系」會提供雪莉金錢上的報償，以及額外的醫療服務。莎拉和湯姆同意了。因為醫生和科學家想要追蹤雪莉的血液和尿液中幾項蛋白質數據變化，以及其他的生理數據，所以，他們給了雪莉一部特別的智慧型手機，手機上有許多應用程式能夠幫助記錄雪莉的各項活動、飲食，以及整體健康狀況。手機上也有許多感應器，能夠藉由雪莉的口水來分析她的幾項重要蛋白質數據；每次雪莉上廁所的時候，馬桶的感測器也會檢查她的尿液，然後把數據傳回實驗室。這些追蹤方式都沒有侵入性，應用程式和感測器也都能成功融入雪莉的生活中。

到了二〇五〇年，雪莉三十歲了。各項指標都顯示她的腎臟功能在退化，雖然功能只退化大約一％至二％，但是情況只會越來越嚴重。透過分析所有蒐集到的數據，醫生已經大概知道疾病產生的原因，以及有哪些治療方式可以讓病情減緩。

但是到了二〇六五年，醫生已經確定雪莉在五十五歲的時候會經歷腎衰竭，而所有的治療方式都已經沒有辦法避免了。事實上，雪莉的腎臟到了五十歲，可能就會出現許多功能上的缺陷。

因此，雪莉決定在四十五歲的時候就進行換腎手術。保險公司在進行了生命週期成本分析之後，同意雪莉的決定。醫生從臍帶血中取出幹細胞，把變異的單核苷酸多型性基因重新做調整，然後把這些修正過的細胞送到印度的人工生物公司，使用生物反應器做出了兩個全新的腎臟。其他修正過的幹細胞則放回冷凍庫裡，以備未來不時之需。

三個月之後，這一對腎臟通過了一連串的功能檢測，已經可以進行移植了。雪莉於是到紐約的蓋茲紀念醫院報到，準備進行手術。她的主治醫生凱洛博士從哥斯大黎加的辦公室，登入了線上手術模擬器，連結上手術機器人，花了四個小時，執行了一場完美無失誤的腎臟移植手術。

雪莉只花幾個星期就復原得很好了，新腎臟的功能都很正常。修改過的變異基因，也都沒有跟她的免疫系統出現任何排斥。幾個月之後，雪莉完全恢復健康，再也沒有出現任何腎臟的問題。

場景背後……

在這個情境中，雪莉的父母是遺傳工程技術的早期使用者。透過遺傳工程，科學家能夠分析和了解藏在DNA裡的祕密。因為雪莉的父母有先見之明，所以他們的種種決定，讓雪莉在日後能夠受到很好的醫療照顧，接受早期診斷並且使用臍帶血來根除基因疾病。我們現在就來深入討論雪莉的故事吧！

自動掛號系統：掛號約診再也不用等

這項功能對美國的醫療產業來說非常重要，任何擁有智慧型手機的人都會想要使用這個功能。許多醫療行政人員認為掛號約診的業務非常艱難，但其實很多人在其他領域裡，都已經用自動化行事曆用得很順手了。所以在未來幾年內，應該就會有人設計一個手機應用程式來解決這個棘手的問題。對我們所有人來說，這項發明最好越快越好（應用化、情境化）。

基因遺傳圖譜：預先篩檢疾病，及早治療

基因工程的進展，比摩爾定律還要快。雖然在二〇〇九年的時候，個人的基因遺傳圖譜

要花超過五十萬美元才做得出來，但是到了二〇一二年，價格就已經下滑到一萬美元以下。而到了將近二〇二〇年時，價格一定會繼續降到一千美元以下。不過，雖然基因遺傳圖譜的價格大幅下降，儲存圖譜資訊的花費還是居高不下。每個基因組大約要花三GB的儲存空間，所以如果要存幾百萬人的基因圖譜，就得花上幾艾位元組的空間。對大數據分析師來說，要處理如此大量的基因數據檔案會是一大挑戰。不過，創新一定會解決這個問題，因為分析基因圖譜能夠為人類帶來極大的好處，所以創新的誘因就非常高。

疾病診斷：隨時追蹤生理數據

基因分析能用來找出疾病源，也可以幫助人類提升整體的健康狀況，讓我們越來越了解DNA的運作方式，和人的一生中，體內的不同基因會有什麼變化。雖然科學家可能已經發現某些基因的變異和某些疾病有正相關，但是其中的運作機制對人類來說還是很神祕。

透過分析有變異基因的病患數據，以及追蹤他們的各項生理指標，科學家能夠對變異基因和它對人類的影響有更深的認識。因為這類的追蹤需要時時刻刻記錄病患的生理數據，所以追蹤的方式要盡量沒有侵入性、不過度干擾病患的生活（情境化、應用化）。

就像今天監測糖尿病患血糖指數一樣，研究參與者必須定時記錄身體的各項指標。這些指標會跟受試者的基因數據做統整，然後跟其他病患的數據做比較，導出能夠讓我們更了解人體奧妙的生理模型。這整個過程就需要蒐集非常巨量的資料，並針對病患的日常生活進行長程的分析（情境化、應用化、雲端化）。

器官製造：移植已成過去，無中生有成為未來

在充分了解人體基因組，以及知道幹細胞能如何幫助特殊細胞（如各個器官）生長之後，器官製造應該會在本世紀中成為事實。器官會由病患的幹細胞製作，確保病患的免疫系統不會攻擊新器官。另外，病患身上的基因缺陷也可以在生長初期就修正，避免疾病在未來發生。

我們在製作器官之前，必須要了解它們確切的運作機制，確保人工製造出來的器官會有同樣的功能。這就必須仰賴核磁共振成像（Magnetic Resonance Imaging，ＭＲＩ）或其他類似科技，幫助我們更了解每個器官。同時，這些科技使用所衍生出來的數據，也需要被妥當地儲存和分析，在這個情境下又會產生更巨量的數據。

我在這裡描繪的情境，可能聽起來像是部好萊塢科幻片，但是我所提到的每一項科技和技術都在醫學產業裡穩定發展中。而科學領域中的突破常常說來就來，所以我很有信心，上述所描繪的種種現象和做法，一定會在不久的將來實現。

參考資料

前　言

1. www.cisco.com/en/US/solutions/collateral/ns341/ns525/ns537/ns705/ns827/white_paper_c11-520862.html
2. www.aiim.org/pdfdocuments/Rise-of-the-Information-Professional-White-Paper.pdf

第一章

1. www.nielsen.com/us/en/newswire/2013/mobile-majority—u-s—smartphone-ownership-tops-60-.html
2. pewinternet.org/Reports/2013/in-store-mobile-commerce.aspx
3. www.mmaglobal.com/research/mobile-advertising-trends-2011
4. www.idc.com/getdoc.jsp?containerId=prUS24302813
5. www.itu.int/en/ITU-D/Statistics/Documents/facts/ICTFactsFigures2013.pdf
6. www.itu.int/pub/D-IND-ICTOI-2012
7. www.idc.com/getdoc.jsp?containerId=prUS24302813

8. news.bbc.co.uk/2/hi/business/1102798.stm
9. web.lib.hse.fi/FI/yrityspalvelin/pdf/2000/Enokia.pdf; i.nokia.com/blob/view/-/2268488/data/3/-/NSN-form-2013.pdf; us.blackberry.com/content/dam/bbCompany/Desktop/Global/PDF/Investors/Documents/2000/2000rim_ar.pdf; us.blackberry.com/content/dam/bbCompany/Desktop/Global/PDF/Investors/Documents/2012/2012rim_ar_40F.pdf
10. www.cdc.gov/nchs/data/nhis/earlyrelease/wireless201212.pdf
11. files.ctia.org/pdf/CTIA_Survey_YE_2012_Graphics-FINAL.pdf
12. files.ctia.org/pdf/CTIA_Survey_YE_2012_Graphics-FINAL.pdf
13. files.ctia.org/pdf/CTIA_Survey_YE_2012_Graphics-FINAL.pdf
14. files.ctia.org/pdf/CTIA_Survey_YE_2012_Graphics-FINAL.pdf
15. files.ctia.org/pdf/CTIA_Survey_YE_2012_Graphics-FINAL.pdf
16. www.apple.com/pr/library/2013/01/07App-Store-Tops-40-Billion-Downloads-with-Almost-Half-in-2012.html
17. investor.apple.com/secfiling.cfm?filingID=1193125-12-444068; investor.google.com/pdf/2012_google_annual_report.pdf
18. www.gartner.com/newsroom/id/1529214
19. www.adeven.com/downloads/08_12_press_release-apptrace_eng.pdf
20. marketinfogroup.com/downloads/Location_Based_Services_Market_Technology_Outlook_

TOC.pdf

第二章

1. investor.fb.com/secfiling.cfm?filingID=1326801-13-3
2. investor.fb.com/secfiling.cfm?filingID=1326801-13-3
3. www.experian.com/blogs/marketing-forward/2012/05/16/15-stats-about-facebook/
4. https://blog.twitter.com/en-gb/2013/twitter7
5. https://blog.twitter.com/en-gb/2013/twitter7
6. engineering.twitter.com/2011/05/engineering-behind-twitters-new-search.html
7. twittercounter.com/pages/100, Accessed March 2013
8. articles.philly.com/2010-07-12/news/24967905_1_facebook-popular-social-networking-website-divorce-case
9. investor.fb.com/secfiling.cfm?filingID=1326801-13-3
10. investor.fb.com/secfiling.cfm?filingID=1326801-13-3
11. investor.fb.com/secfiling.cfm?filingID=1326801-13-3

第三章

1. phx.corporate-ir.net/phoenix.zhtml?c=97664&p=irol-reportsannual

2. www.walmartstores.com/sites/annual-report/2012/
3. www.walmartstores.com/sites/annual-report/2012/
4. ir.jcpenney.com/phoenix.zhtml?c=70528&p=irol-reportsannual
5. www.searsholdings.com/invest/docs/SHC_2012_Form_10-K.pdf#pagemode=thumbs&page=1&zoom=100,0,0; ir.jcpenney.com/phoenix.zhtml?c=70528&p=irol-reportsannual; services.corporate-ir.net/SEC.Enhanced/SecCapsule.aspx?c=94746&fid=8641140; www.barnesandnobleinc.com/for_investors/annual_reports/2012_bn_annual_report.pdf
6. files.shareholder.com/downloads/AMDA-E2NTR/2710062337x0x659407/925BA93A-91ED-4935-A1E6-16EA88694410/2012_Annual_Report.pdf
7. files.shareholder.com/downloads/AMDA-E2NTR/2710062337x0x659407/925BA93A-91ED-4935-A1E6-16EA88694410/2012_Annual_Report.pdf
8. www.internetretailer.com/2012/06/14/global-e-commerce-sales-will-top-125-trillion-2013

第四章

1. www.youtube.com/yt/press/statistics.html
2. www.youtube.com/yt/press/statistics.html
3. www.youtube.com/yt/press/statistics.html
4. articles.latimes.com/2012/may/24/entertainment/la-et-ct-idolfinale-20120524

5. www.youtube.com/yt/press/statistics.html
6. investor.apple.com/secfiling.cfm?filingID=1193125-12-444068 investor.google.com/pdf/2012_google_annual_report.pdf
7. money.cnn.com/2010/02/02/news/companies/napster_music_industry/
8. www.ifpi.org/content/section_resources/dmr2013.html
9. www.scmagazine.com/2013-mobile-device-survey/slideshow/1222/
10. www.naa.org/Trends-and-numbers/newspaper-Revenue/newspaper-media-Industry-Revenue-Profile-2012.aspx
11. www.theesa.com/facts/pdfs/esa_essential_facts_2010.pdf
12. www.bloomberg.com/news/2011-02-23/global-box-office-sales-rose-8-in-2010-to-record-31-8-billion.html
13. blogs.wsj.com/digits/2011/04/07/selling-virtual-game-winnings-a-3-billion-industry/
14. www.cisco.com/en/US/solutions/collateral/ns341/ns525/ns537/ns705/ns827/white_paper_c11-520862.html

第五章

1. royal.pingdom.com/2012/01/17/internet-2011-in-numbers/
2. www.forbes.com/sites/joemckendrick/2013/02/20/cloud-computing-boosts-next-generation-of-

startups-survey-shows/
3. www.forbes.com/sites/joemckendrick/2013/02/20/cloud-computing-boosts-next-generation-of-startups-survey-shows/
4. www.microsoft.com/en-us/news/features/2012/mar12/03-05cloudcomputingjobs.aspx

第六章

1. Corporate Usage Statistics, 2012, Facebook.com
2. www.mckinsey.com/insights/business_technology/big_data_the_next_frontier_for_innovation
3. https://corporate.target.com/_media/TargetCorp/annualreports/content/download/pdf/Annual-Report.pdf; media.corporate-ir.net/media_files/irol/65/65828/reports/2002_TGT_annual_HTML/index2.htm

第七章

1. www.mobilemarketer.com/cms/news/research/11974.html

第八章

1. investor.fb.com/secfiling.cfm?filingID=1326801-13-3
2. www.businessinsider.com/jared-fogles-subway-diet-15-years-later-2013-6

3. en.wikipedia.org/wiki/Main_Page Accessed September 2013

第九章

1. Source: New York Stock Exchange Historical Data

第十章

1. investor.apple.com/secfiling.cfm?filingID=1193125-12-444068 investor.google.com/pdf/2012_google_annual_report.pdf

第十一章

1. www.gartner.com/newsroom/id/1862714
2. www.huffingtonpost.com/tag/bank-layoffs Accessed March 2013
3. www.salesforce.com/company/investor/financials.jsp

第十四章

1. www.walmartstores.com/sites/annual-report/2012/
2. www.rovio.com/en/mobile-news/284/rovio-entertainment-reports-2012-financial-results
3. investor.apple.com/secfiling.cfm?filingID=1193125-12-444068
4. investor.apple.com/secfiling.cfm?filingID=1193125-12-444068

第十五章

1. www.aiim.org/pdfdocuments/IW_Big-Data_2012.pdf
2. www.eweek.com/database/ibm-big-data-analytics-to-drive-20b-in-revenue-by-2015/

第十七章

1. www.businessinsider.com/morgan-stanley-ecommerce-disruption-2013-1?op=1
2. www.comscore.com/Insights/Presentations_and_Whitepapers/2013/2013_Mobile_Future_in_Focus

第十八章

1. www.alsbridge.com/news/2013-benchmark-survey-results

國家圖書館出版品預行編目資料

大數據時代的致勝決策：2020年前最重要的6個關鍵策略 / 克里斯多夫・蘇達克（Christopher Surdak）著；林奕伶, 廖育琳譯. -- 臺北市：商周出版：家庭傳媒城邦分公司發行, 民104.05
面；　公分. --（新商業周刊叢書；BW0570）
譯自：Data Crush：How the Information Tidal Wave is Driving New Business Opportunities

ISBN　978-986-272-779-9（平裝）

1.企業管理　2.資訊管理　3.商業資料處理

494　　104004337

新商業周刊叢書　BW0570

大數據時代的致勝決策：2020年前最重要的6個關鍵策略

原文書名／Data Crush: How the Information Tidal Wave is Driving New Business Opportunities
作　　者／克里斯多夫・蘇達克（Christopher Surdak）
譯　　者／林奕伶、廖育琳
企畫選書／黃鈺雯
責任編輯／黃鈺雯
編輯協力／劉芸蓁
版　　權／黃淑敏

行銷業務／張倚禎、石一志
總 編 輯／陳美靜
總 經 理／彭之琬
發 行 人／何飛鵬
法律顧問／台英國際商務法律事務所　羅明通律師
出　　版／商周出版
台北市中山區民生東路二段141號4樓
電話：(02) 2500-7008 傳真：(02) 2500-7759
E-mail：bwp.service@cite.com.tw
Blog：http://bwp25007008.pixnet.net/blog
發　　行／英屬蓋曼群島商家庭傳媒股份有限公司城邦分公司
台北市中山區民生東路二段141號2樓
書虫客服服務專線：(02)2500-7718・(02)2500-7719
24小時傳真服務：(02)2500-1990・(02)2500-1991
服務時間：週一至週五09:30-12:00・13:30-17:00
郵撥帳號：19863813　　戶名：書虫股份有限公司
讀者服務信箱E-mail：service@readingclub.com.tw
歡迎光臨城邦讀書花園　　網址：www.cite.com.tw
香港發行所／城邦（香港）出版集團有限公司
香港灣仔駱克道193號東超商業中心1樓
Email：hkcite@biznetvigator.com
電話：(852)2508-6231　　傳真：(852)2578-9337
馬新發行所／城邦(馬新)出版集團 【Cite (M) Sdn. Bhd.】
41, Jalan Radin Anum, Bandar Baru Sri Petaling,
57000 Kuala Lumpur, Malaysia
電話：(603)90578822　　傳真：(603)90576622
Email：cite@cite.com.my

封面暨版型設計／ 廖勁智　　排　版／唯翔工作室
印　　刷／鴻霖印刷傳播股份有限公司
經 銷 商／聯合發行股份有限公司　電話：(02)2917-8022　傳真：(02)2911-0053
客服專線：0800-055-365

■ 2015年（民104）5 月初版
■ 2016年（民105）12 月6 日 初版 5 刷

Printed in Taiwan

城邦讀書花園
www.cite.com.tw

定價／360元　　版權所有・翻印必究　　ISBN　978-986-272-779-9